フォークランド紛争におけるイギリス軍。フォークランド海峡サンカルロス水道でシーハリアーがドック型強襲艦に着艦する。近現代にあって、もっとも多くの戦争を経験しているのはイギリスであり、同国の軍隊の強さは、狡猾とも思われる外交、交渉術の巧妙さに裏付けられているといえる。

(上)ベトナム戦争で作戦中の韓国軍。北ベトナム軍を相手に大きな戦果を記録したが、死傷者も多かった。(下)印パ戦争におけるインド軍。インド、パキスタンの両国は三次にわたって戦火を交えた。

NF文庫
ノンフィクション

新装版
どの民族が戦争に強いのか？
戦争・兵器・民族の徹底解剖

三野正洋

潮書房光人新社

まえがき

有史以来、人類の間では大小を問わず紛争が絶えることなく続いている。

この原因は結局のところ、人々が信じている〝正義〟が立場、宗教、国家、民族によって異なるからであろう。

なかでも国家間紛争である戦争は、その規模が大きいだけに多くの人命はもちろん、膨大な社会資本さえ灰燼《かいじん》に変えてしまう。

したがって戦争こそ、人類にとって最大の悪弊とも言えるのである。

その反面、戦争というものが歴史に鮮やかな彩《いろど》りを添えてきた事実も、また否定できない。

世界の国々のすべてが、その誕生の過程でいくつかの紛争、戦争を経験し、それがそのまま歴史の重要な部分を構成してきている。

加えて歴史の中でもうひとつ忘れてはならないのは、武器、兵器の存在であろう。

見方によっては、人間という生き物がもっとも精魂を傾けて生み出してきたものが、兵器であり、常にその時代、時代の最先端の技術と莫大な資金、労力が、この開発と保有に使われてきた。

その存在が〝悪〟であるのはいまさら言うまでもないが、同時にこれを全く無視することも許されない。

したがって本書では兵器と人間の関わり合いを、主として第二次世界大戦を舞台に考えていきたいと思っている。

この史上最大の戦争には五十数ヵ国が参加し、そこには無数の兵器と、それと同じくらいの数の人間のドラマがあったはずである。

もちろん、それらのすべてを取り上げるわけにはいかないが、いくつかの国と人々に的を絞って記述を進めたい。さらに主要な国に関してのみ、二、三のエピソードを付加して、その民族の特質を鮮明にしている。

これによって平和の探求、そして戦争の阻止が一筋縄では難しいという事実を確認するべきなのである。本書を執筆した目的の大部分は、この点に絞られるといっても過言ではない。

著　者

どの民族が戦争に強いのか?——目次

第7章　中国人と戦争

第8章　インド人と戦争

第9章　日本人と戦争

第14章 スウェーデン人と戦争

第15章 フィンランド人と戦争

第16章 トルコ人と戦争

第17章 イスラエル人と戦争

写真提供：コリアフォトプレス／著者／雑誌「丸」編集部
U. S. Army・National Archives

どの民族が戦争に強いのか？

——戦争・兵器・民族の徹底解剖

第Ⅰ部

第1章　イギリス人と戦争

兵器とイギリス人

近、現代にあって、もっとも多くの戦争を経験しているのは、間違いなくイギリス人であろう。

第二次大戦後だけを見ても、

朝鮮戦争

マレー（マラヤ）紛争

スエズ動乱

フォークランド紛争

湾岸戦争

などを戦っているし、これ以外にも、

ギリシャ内戦
キプロス紛争
北アイルランド紛争
でかなりの死傷者を記録している。
またかつてアジア、アフリカに多くの植民地を有し、さらにヨーロッパ各地に軍隊を駐留させていた〝大英帝国〟としては、ある程度いたしかたないところもあろうが、それにしても大戦終了後半世紀以上にわたって全く平和なわが国との違いに驚かされる。
同時に、イギリスがこれまで戦ってきた戦争で一度として決定的な敗北を喫したことがないのも、信じ難いが事実なのである。
たしかに第一次世界大戦（一九一四～一八年）の前後をピークとして、同国の国力は低下の一途を辿っているように見えるが、それでもなおイギリス軍の戦闘能力は第一級と認めざるを得ない。
しかし同軍の兵器については、性能の差が大きく、なかには他の先進国のそれと比較して明らかに低性能なものもある。そこで〝兵器と人間〟の最初の問題として、まずこの問題を取り上げてみたい。
第二次大戦に活躍した二種の航空機――すなわち、スピットファイア戦闘機とソードフィッシュ艦上攻撃機。
最初にこの二機を取り上げたのは、イギリスの戦闘用航空機（第一線機）として、その性能についてあまりに大きな差が表われているからである。

ドイツ空軍を打ち破ったスーパーマリン・スピットファイア戦闘機

スピットファイア

一九三六年三月五日に初飛行したスーパーマリン・スピットファイア戦闘機は、美しいスタイルとともに抜群の飛行性能を誇った。

この戦闘機は〝スピッティ〟という愛称で呼ばれ、第二次大戦の全期間を通じて、イギリス空軍（RAF）の主役であった。

大戦の初頭、これに匹敵するのは、

ドイツ　メッサーシュミットBf109

日本　三菱零式艦上戦闘機

アメリカ陸軍　カーチスP40トマホーク

海軍　グラマンF4Fワイルドキャット

であろうが、航続力を除いた性能からみるかぎり、スピットファイアは圧倒的に優れていた。

独特な形の楕円翼、高出力の液冷マーリンエンジン、空気抵抗の少ない機体形状は、見るからに俊敏な運動性を感じさせる。

事実、同機は一九四〇年の夏、秋のイギリス上空の航空決戦（バトル・オブ・ブリテン＝ＢＯＢ）において、強大なドイツ空軍（ルフトバッフェ）を完璧に打ち破るのである。

メッサーシュミットＢｆ109をはじめとして、世界中を見渡してもスピットファイアを空中戦で撃破することのできる戦闘機は極めて少なかった。

ＢＯＢのあと、スピットファイアには絶え間なく改良が加えられ、それに伴って当然のことながら性能は飛躍的に向上していく。

この詳細を述べる余裕はないが、エンジンの最大出力だけを見ても、

前期のＭｋ１型　一〇五〇馬力

後期のＭｋ21型　二〇四〇馬力（九四％増）

（注＝Ｍｋはマーク Mark の略号）

と約二倍にまで増強されている。

日本の零戦の場合、

二一型　九五〇馬力

五二型　一一三〇馬力（一九パーセント増）

であるから、前期型と後期型の性能の差は決して大きくないのである。

この一事を見ても、スピッティの基本設計の優秀さがわかる。

これと比べて、零戦が優れた戦闘機であったことは言うまでもないが、機体構造に関する強度の余裕（マージン）から見るかぎり、一歩も二歩も劣っていたといえよう。

ＲＡＦは優れた後継機に巡り合わなかったこともあって、最後までスピットファイアを頼

りに闘い続けた。

流れるような美しいスタイルの戦闘機は、のちにフランス、ドイツ上空はもちろん、ソ連、北アフリカ、ビルマ、極東でも見られるようになる。同機は大戦後も製造が続けられ、実に三万機以上が生み出されたのである。

ソードフィッシュ

さて、性能的にスピットファイアと反対の立場にあったイギリス軍機が、フェアリー・ソードフィッシュ艦上攻撃機であった。

当時イギリス海軍（RN）の航空部隊（FAA。海軍航空とは言わずに艦隊航空）の攻撃の主力は、間違いなくこの大型複葉三座機といえた。爆撃、魚雷攻撃、偵察、哨戒と、どのような任務でもこなす万能機であり、その信頼性はきわめて高かった。

しかし写真からもわかるように、鋼管布張りの構造、剝き出しのコクピット、多数の張線などあまりに旧式で、とうてい第二次大戦中の第一線機とは思えないのである。

なかでも軍用機の重要なファクターである速度については、最大でもわずか二三〇キロ／時にすぎない。

まさに現在では、国産の乗用車でさえ発揮できそうな速力といってよい。

同時期における列強二ヵ国の艦上攻撃機の最大速度を調べてみると、

〈日本海軍〉

中島　九七艦攻　三八〇キロ／時

〈アメリカ海軍〉
ダグラス　ＴＢＤデバステーター　三三〇キロ／時

となっていて、なんと一〇〇キロ／時の差がある。ソードフィッシュこそ、第二次世界大戦に登場した軍用機の中で、もっとも低速の航空機と思われるのであった。

ところが、時代遅れで低速、低性能のソードフィッシュ（メカジキの意）であるが、実戦となると信じられないほどの活躍ぶりを見せる。

その最大の戦果が、一九四〇年一一月一一日のタラント港のイタリア戦艦部隊への攻撃であった。

照明弾投下任務　　　　　　　二機
爆撃　一二〇キロ爆弾各四発搭載　一二機
雷撃　七三〇キロ魚雷各一発搭載　一一機

のわずか二五機が、空母イラストリアスから発進し、夜間攻撃を実施した。

これにより地中海の制海権を掌握していたイタリア海軍の戦艦三隻が、一夜にして沈められてしまった。

同海軍の戦艦は全部合わせて六隻しかなかったから、その半分が失われたことになる。

ソードフィッシュ隊の損害はわずかに二機のみであった。

たったこれだけの損失で、新鋭戦艦リットリオをはじめ三隻を沈めたのだから、イギリス国民がこの戦果に湧き立ったのは言うまでもない。

低性能ながら大活躍したフェアリー・ソードフィッシュ艦上攻撃機

これ以後も低性能の大型複葉機は、ドイツ戦艦ビスマルクの撃沈にひと役買い、また対潜哨戒機として終戦まで働き続けている。

後継機たるフェアリー・アルバコアやバラクーダなどが登場しても、メカジキが第一線から退くことはなかった。

このように無類の信頼性が、最後まで同機を生き延びさせたのである。

それにしても最高速度が二五〇キロ／時にも達しない複葉機を、一九四五年まで第一線で使い続けた国はイギリス以外にない。

第二次大戦の主要参戦国は、同国以外に日本、ドイツ、イタリア、アメリカ、ソ連であるが、ソードフィッシュほどの旧式な軍用機を実戦に投入したことなど一度としてなかった。

ソードフィッシュが実力以上に活躍できた理由には、ドイツ、イタリアの海軍航空戦力が弱体であった事実も挙げられよう。

それでもなおこの旧式機は、大西洋、地中海狭しと暴れまわり、イタリア海軍の水上艦やドイツ海軍のUボートを次々と撃沈していったのである。

これを可能にしたのは、なんといってもイギリス人の粘り強さではないか、と思われる。

いったん戦争となれば、彼らほど勝利のために執念を燃やす国民も珍しい。

自軍の戦力が弱体であろうが、あるいは保有する兵器が旧式であろうが、それを知りながら力のかぎり闘うのである。

イギリス人が敵にとってはきわめて嫌な相手であることは、これまでの歴史がたびたび証明している。

そのひとつの証明が第二次世界大戦におけるソードフィッシュ機の活躍であって、本機は実に九年の永きにわたり製造され続け、総生産数は二四〇〇機に達している。

かえって後継機のアルバコアの方が、一年早く生産中止となってしまった。

ソードフィッシュのような超旧式機を使い続けたからといって、イギリス海軍の技術力が日、米両海軍と比較して大幅に遅れていたかというと、そのような事実は全くない。

レーダーの導入については、世界でもっとも早くからその価値を認め、開発、実用化に全力を注いでいた。

また対潜水艦戦の分野でも、アメリカ海軍を凌駕しており、航空機投下型のソノブイ（聴音システム）を一九四四年から使っている。

艦上機ではシーハリケーン、シーファイア（スピットファイアの海軍型）の実戦化を進め、航空母艦のフライトデッキに装甲を設け、強力な機動部隊を編成した。

これらの新技術と超旧式のソードフィッシュの存在という奇妙な組み合わせを、有効な戦

フォークランド紛争で占領地に国旗を掲げるイギリス海兵隊員

力として使いこなすところが、イギリス軍の強さと言えるようである。

古い兵器の有効活用

かなり以前から『イギリス人たちが本気で取り組むことが二つだけあり、それらは戦争とスポーツである』と言われてきた。

スポーツの方は近年全く振るわないが、いったん戦争となると彼らは存分に力を発揮する。

一九八二年のフォークランド紛争

一九九一年の湾岸戦争

でも、この状況は十二分に証明された。

そう言えば湾岸戦争のさい、これまた超旧式の艦上攻撃機であるホーカー・シドレー・バッカニアを投入し、それなりの戦果を挙げている。

同機の初飛行はなんと一九五八年四月であるから、誕生から三三年後の実戦参加であった。

このように見ていくと、レシプロとジェットの違いはあるものの、同じ艦上攻撃機であるソードフィッシュとバッカニアには、ある種の似かよった雰囲気が漂っているような気さえする。

それこそいざ実戦となれば、古い兵器を有効に使って勝利を目指すイギリス軍の闘志と言えそうである。

イギリス人とイギリス軍のエピソード

その1　イギリス軍も誤りをおかす

第二次大戦中、イギリス政府そして軍部は、自国の軍隊に関する戦況を包み隠さず正確に国民に伝えたと言われている。

そして、このような姿勢を貫いたのは、アメリカとイギリスのみと言ってよい。

ここでこの件に関するあるエピソードを取り上げてみたい。

まず一九四一年（昭和一六年）一二月一〇日のマレー沖海戦について見ていく。

マレー半島の沖合で行なわれたこの海空戦は、イギリス極東艦隊の戦艦プリンス・オブ・ウェールズ（以下POW）、巡洋戦艦レパルスの二隻が、約一〇〇機からなる日本海軍機の攻撃によって、短時間のうちに両艦とも沈められてしまった戦闘である。

二隻の戦艦には駆逐艦四隻が護衛のために付いていたのだが、いったん戦闘となると日本海軍の陸上攻撃機は恐るべき威力を発揮した。

わずか三機の損害、乗員の戦死二七名だけで、それまでマレー半島周辺の海域ににらみを利かしていた巨艦二隻を葬ってしまったのである。

この闘いは、大戦艦に対する航空機の威力をまざまざと見せつけたとして歴史に残るものであった。

当時のイギリス首相ウインストン・チャーチルは、のちの回顧録の中で「第二次大戦中の全期間にわたって、これほど衝撃的なニュースを知らない」と述べているほどなのである。

イギリス海軍は、二隻が沈められてから二四時間後、この状況をラジオ・新聞で報じ、また一ヵ月以内に戦死者・行方不明者の氏名をそれぞれの家族に通知している。

この事実は広く知られており、イギリス政府・軍部の民主性を強く世界にアピールしたのであった。

さらにイギリスは、一九四一年の秋から戦闘の結果、自軍の損害などについてできるだけ速く正確な情報を伝えるように努力している。

このようなことから、先ほどの公開性・民主性は高く評価されているのだが、その一方でそれ以前の重大な失敗はほとんど知られていない。

つまり、イギリスも最初から正確な戦況を伝えていたのではなく、一つの大きな失敗から学ぶことによってそれを改善したことになる。

その失敗とは、一九四一年の五月に行なわれた第二次大戦史上もっとも劇的な海戦に関する結果である。

この戦いは、ドイツ海軍の大戦艦ビスマルクと重巡洋艦プリンツ・オイゲンが、イギリス側の前述の戦艦ＰＯＷ、そして巡洋戦艦フッドと戦ったものである。

ドイツ戦艦ビスマルクに撃沈された巡洋戦艦フッド

すでにお気付きの通り、POWは二つの海戦で主役を務めている。

この海戦において、戦艦ビスマルクは素晴らしい手腕を発揮し、全長二六三メートル、排水量四万二〇〇〇トンの巡洋戦艦フッドを一撃のもとに撃沈する。

これは砲戦開始後わずか一〇分とたたないうちの出来事であった。フッドには一六〇〇名を超える乗組員が乗っていたが、助かったのはわずかに三名だけである。

そして、フッドが沈没したあと、旗艦であるプリンス・オブ・ウェールズもビスマルクから数発の命中弾を受けた。そのうちの一発は彼女の艦橋に命中、艦長と一人の候補生を除いて、残りの全員を死傷させた。

完成後まもないイギリスの戦艦は、ドイツの戦艦ビスマルクによってこれまた完全に打ちのめされてしまった。

砲戦開始から三〇分、POWは、大きく非敵側に回避し戦場から離脱せざるを得なくなったが、一方のビスマルクは、どのようなわけかこれを追撃しなかった。

ビスマルク自身もイギリス戦艦から数発の砲弾を受け、軽微ながら損傷を受けていたからであろうか。

ビスマルクとの戦闘で国民の非難をあびた戦艦プリンス・オブ・ウェールズ

ドイツ側の戦艦一隻・重巡洋艦一隻に対して、イギリス側は戦艦一隻・巡洋戦艦一隻をもって戦いながら、結果はドイツ側の圧勝であった。

フッド沈没、ＰＯＷ中破という損害に対して、ドイツ側はビスマルク小破、プリンツ・オイゲン無傷というものだったのだから……。

ところがこの時、イギリスの政府・海軍は次のように戦況を公表した。

フッドの沈没を認めたものの、

「プリンス・オブ・ウェールズの損害は軽微。逆に、ドイツ戦艦は大量の煙を吐き、速力も大幅に落ちている、これらの結果から重大な損傷を受けているものと思われる」

発表はこのような内容であった。

しかしその後、事態は思わぬ方向に移っていく。イギリス海軍のかなりの将兵が、この発表を見てＰＯＷに対する非難をはじめた。

「僚艦のフッドの沈没を目の当たりにしながら、なぜ重大な損傷を受けたドイツ戦艦に対する攻撃を続行しなかったのか」

という声である。

報道によれば、ドイツ戦艦は重大な損傷を受け、他方、POWは軽微な損傷で済んでいる。それならばなぜイギリス戦艦は戦場にとどまり、フッドの仇を討とうとしなかったのか。

この想いは、イギリス海軍の将兵にとって当然であった。加えて、国民も同様に、POWの艦長と乗組員に対して冷たい目を向けたのである。

ところが、現実は先ほど述べたように全く逆であった。ドイツ戦艦は軽い損害だけで、まだ闘志を燃やしていた。これに対してイギリス側は重大な損害を受け、戦いを続けられるような状態ではなかった。

政府の発表が真実ではなかったため、事態は紛糾してしまった。

イギリス政府と海軍は、フッドの沈没以上にこの状況に頭を抱え込んだ。

国民から愛された巡洋戦艦の喪失だけでも衝撃は大きかったのに、さらにもう一隻のイギリス戦艦も非難の矢面に立たされたのである。

これは、同国にとって最大の失敗あるいは恥辱と言ってよい。

ただ、その後イギリスは見事に立ち直った。

このような事態を招くのなら、いかに大損害を受けようと、真実を国民に知らせたほうが得策であるということを知り、また過《あやま》ちを正すには早いほうが良いと気付く。

これにより一九四一年の夏から、戦争報道は迅速・正確、そして情報の全面公開という形に変わっていった。

つまり、イギリスも初めから正しい道を歩んでいたわけではない。大きな失敗を繰り返しながら、そこからようやく進むべき道を見つけていったのである。

本来評価されるべきことは、誤りをきちんと認め、正しい方向を探り、それを実践する姿勢にある。

一九四二年のミッドウェーの戦い以後、すべて真実を隠すことに全力を尽くしてきた日本軍とは全く異なるのであった。

歴史からわれわれが学ぶべき教訓は、多分このような事実なのであろう。

その2　他の民族、他国の人々をうまく利用する技術

日本では戦前も戦後も全く存在しなかったものに傭兵《ようへい》がある。

徴兵、志願兵とは根本的に異なっており、その名のとおり金で雇われる兵士である。

現在でもイギリス軍には、ネパール地方から集められたグルカ兵の部隊が存在する。

しかし、この傭兵ともまたちがった形の兵士たちをイギリス軍は自軍に編入し、実戦に参加させた。

これが第一次、第二次大戦におけるインド兵である。

本来ならインド軍兵士と記すべきであろうが、正確にいうならインド人のイギリス兵ということになる。

・第一次世界大戦には六〇万人が参加し、戦死者一五万人

・第二次世界大戦には一四〇万人が参加し、戦死者は三〇万人を出している。

独立以前とは言いながら国土の一部が戦場となった後者はともかく、前者はインドとインド人にとって全く関係のない戦争であった。

当時のインドは明らかにイギリスの植民地であり、差別と搾取の真っ只中にあったといえる。

それにもかかわらず、宗主国に協力し、わざわざ遠くヨーロッパに出かけていき、縁もゆかりもないドイツ人と戦うとは……。

この実情を知るとき、まず思い浮かぶのは、イギリス人の持つ狡猾さである。

植民地の人々からなる軍隊を組織し、自分たちの敵に立ち向かわせるなどといった行為は、イギリス人以外ではなかなか難しいのではあるまいか。

現代から振り返ると、あまりの非情さに呆れるばかりである。

しかしその反面、他の国の政府、軍隊ではなし得なかったこの状況を実現した外交の巧みさは充分に参考にしなくてはならない。

イギリスのインド支配

日本の中国、インドネシア、朝鮮支配を比べた場合、そこには少なからず違いが表われている。

本来ならインドの人々は、ヨーロッパの戦争への参加を拒否するべきであった。自分たちを支配している民族のために、遠く母国を離れた場所で死ぬ必要など全くないのである。

たとえかなりの金が彼らに給料として支払われていたとしても……。

これを知りながら六〇万人、一四〇万人をヨーロッパ大陸に送り込んだイギリス人のやり口のうまさは——その善し悪しは別として——見事というほかはない。
言い変えれば、イギリスの軍隊の強さは、このように外交、交渉術の巧妙さに裏付けられているという言えるのである。

この面から見るかぎり、同じように大陸の近くにある島国の国民でありながら日本とは雲泥の差があるとの思いを強くするのであった。

第2章　フランス人と戦争

第一次世界大戦

近・現代の紛争、戦争史をひもとくとき、闘うということに強いのか弱いのか、はっきりしない国民と軍隊がフランス人、フランス兵である。

一九世紀の前半、ナポレオン率いるフランス兵は、イギリスを除く西ヨーロッパの大部分を席巻し、その名を世界に轟かせた。

とくにきらびやかな軍装をまとった竜騎兵（剣と小銃を武器とする騎兵）は、まさに向かうところ敵なしといった強さを、ヨーロッパだけではなく遠くロシアにまで見せつけた。

この伝統は今でも残っており、フランス陸軍は竜騎兵（ドラグーン）連隊（実際には軽機甲連隊）をいくつか保有している。

ところが、その陸軍の強さも、第一次世界大戦あたりから次第にはっきりしなくなってくる。

史上はじめての大戦争・第一次世界大戦（一九一四年七月～一八年一一月）において、フランスは隣国ドイツ（プロシア）の攻勢の前に、首都の陥落さえ懸念されるほどの敗退を続ける。

この戦争では、ほぼ同じ人口、国力のドイツが、フランスをはじめイギリス、ロシアを相手に一歩も引かず、恐ろしいまでの戦い振りを見せつけた。

三倍の戦力を持ちながら前記三ヵ国は必死に反撃するのだが、すでに述べたごとく、なかでもフランスは緒戦において大敗するのであった。

その空軍はなんとか持ちこたえていたものの、肝心の陸軍はイギリスの援助がなければ、壊滅的な状況に追い込まれていたかも知れない。

結局、遅まきながら参戦したアメリカ軍の善戦もあって、フランスは勝利者の側につくことになった。しかし、同軍の戦闘力の評価は一挙に低下してしまう。

第二次世界大戦

続く第二次世界大戦（一九三九年九月〜四五年八月）でも、状況は最悪であった。

フランスをめぐる戦いは一九四〇年五月からわずか一ヵ月で幕を閉じる。この際、

・フランス陸軍の戦力

一四九コ師団　戦車、装甲車三〇〇〇台（イギリス軍の九コ師団を含む）

・ドイツ陸軍の戦力

一三六コ師団　戦車、装甲車二六〇〇台

と、明らかに前者が勝っていたにもかかわらず……。

いったんドイツ軍の侵攻が開始されると、フランス軍は短期間のうちに各地で敗北をきっする。

その兵員数は二〇〇万人をはるかに超えていたといわれているが、それが一六〇万人のドイツ軍により徹底的に打ち負かされたのである。

もちろん、マジノ防衛線に頼りすぎるという戦略的な失敗もあったが、それにしても、あまりに惨めな結果というほかない。

だいたい二〇〇万もの兵員を有する大陸軍が、ほぼ同じ兵力の敵軍にわずか三〇日といった短い期間に敗れること自体が不可解であった。

ドイツ軍に投降するフランス戦車兵

ドイツ軍は〝電撃戦〟という、史上はじめて実際に用いられた新戦術に長《た》けていたといっても、それでもなおフランス陸軍、フランス兵の負けっぷりは賞められたものではない。

どうも第一次大戦以来、この国の軍隊は勝つことを忘れてしまったようである。

そしてフランス全土がその後三年にわたり、ドイツ軍の支配下に置かれることになる。

有名なシャンゼリゼから凱旋門《がいせんもん》にかけ

ての大通りにも、他国の軍隊の軍靴の音が響きわたるという有様であった。

幸いにして、またもイギリス、アメリカの活躍により戦勝国の仲間入りができたが、フランスの軍隊の栄光は、泥にまみれたのである。

強力な指導者

ヨーロッパ最強のナポレオン軍の中核として、周辺の各国から恐れられたフランス兵の強さは、時代の移りかわりとともに少しずつ失われていったことになるが、この原因はどこに求めるべきであろうか。

この点についてはいろいろな意見があろうが、唯一あげるとすれば、強力な指導者の存在の有無にかかわっていると言えそうである。

すでに大ナポレオンの名が登場しているが、その後のフランスにはこれといった、すべての国民に支持されるような指導者は現われていない。

とくに一九三〇年代の混沌とした時代のうちに、政府は弱体化の道を辿っていった。

多数の小規模政党による連立内閣（共和／人民戦線の連合体）は、まさに『船頭多くして、船山に登る』といった状況にあった。

極端な例として、第二次大戦直前のフランスにおいては、航空機製造メーカーが一四社も林立していた。

少数政党がそれぞれの会社を後押ししていたからである。

これらメーカーが、独自の工業規格による軍用機を次々と製造していたため、空軍ひとつをとっても、その戦力は見かけだけのものになっていた。

平時ならともかく、戦争が間近に迫っているとき、多数の政党による集団指導制は最悪の選択肢である。

日頃から議論を好み、個人主義を主唱しているフランス（人）が、鉄血宰相ビスマルクおよびすべての権力を一手に握って国を率いているヒトラーのドイツ第三帝国に、敵うはずははじめからなかった。

いったん戦争ともなれば、国民を団結させる力量をもった強力な指導者がどうしても必要なのである。

第一次、第二次世界大戦において、このような人物を輩出させられなかったフランスの弱点が、そのまま大戦争の敗北につながったと見るべきであろう。

戦後の紛争

さて、ひるがえって第二次大戦後の紛争において、フランス軍はどのように闘い、またその結果、同国の状況はどのように変わったのであろうか。

フランス陸軍、そして有名な外人部隊は、東と西で大きな紛争を経験した。

・インドシナ戦争

一九四五年八月～五四年七月

永く植民地としてきたフランス領インドシナ（現ベトナム）の独立をめぐる、ベトミン軍との戦争。初期には押し気味であったが、ディエン・ビエン・フーの大敗北により、アジアからの撤退を余儀なくされる。
・アルジェリア戦争
一九五四年一一月～六二年七月
植民地アルジェリアの独立を目指す民族解放戦線FLNとの戦争。これに現地フランス軍と本国政府の確執が加わる。

これまた、最終的にFLNの勝利（アルジェリアの独立獲得）、フランスの敗北に終わる。

紛争の時期をみればわかるとおり、どちらの戦争も戦後間もない頃で、フランスは三年におよぶドイツ軍の占領による傷跡を残したまま、アジアとアフリカで闘わなくてはならなかった。

この不利な条件を克服できず、ふたつの大植民地を失うのである。

インドシナ、アルジェリアの紛争は、このような悪条件（フランス側からみて）下での闘いで敗れたといえないこともないが、それでも大国フランスの地位は、大幅に低下したと言わざるを得ない。

それでもアルジェリア戦争の後半には、強力な指導者シャルル・ドゴールが登場し、彼は未来を正確に見通し、戦争を終結に導いた。

ディエン・ビエン・フーのフランス軍

この決断の正しかったことは歴史が証明しているが、フランス陸軍が地中海を隔てた本国からごく近い地域で、戦いに敗れた事実には変わりがない。

現在の仏軍の実力

さて次に、現在のフランス軍（兵）が強いのか、それとも弱いのか、簡単に検証してみよう。

軍隊の実戦力は、その言葉どおり〝実戦〟のさいの戦闘ぶりから推し測るより方法がない。フランス軍が参加したもっとも新しい戦争は、一九九一年の湾岸戦争（対イラク戦）である。

参加した戦力は、

空軍＝ミラージュ2000戦闘機など四六機

陸軍＝一コ軽機甲師団一万六〇〇〇人

　戦車、装甲車など一八〇台

　対戦車ヘリコプター七〇機

などであった。

このうち本格的な戦闘を経験したのは、

ミラージュ一〇機／ジャガー攻撃機八機

第四ドラグーン機甲連隊／ＡＭＸ30主力戦車四〇台

といわれている。

これらは、多国籍軍の主力であるアメリカ軍と行動を共にし、イラク軍と闘っている。機甲連隊に属する特殊部隊もまたイラク領内の奥深くに侵入、二七名の死傷者を出しながら、敵の司令部一ヵ所を破壊した。

この他、同軍のガゼル・ヘリコプター部隊も果敢に闘い、いくつかの戦果を挙げた。

このように湾岸戦争をみていくと、いつの間にか、フランス軍は近代戦を闘い得るまでに戦闘力――個々の兵士の能力を含めて――を回復したかに思える。戦闘機、攻撃機、機甲部隊はともかく、軽装備で敵陣深く侵入していく特殊部隊の戦闘では、一人々々の兵士の能力が大きく問われるのである。

この意味から、少数でも強力な特殊部隊を有する軍隊は強いという判断もなり立つのではあるまいか。

もともと戦争に強い国（国民）と弱い国が存在するとは思えず、結局のところ内的、外的要因と状況によってその強さが変わり得ることを、これまでの歴史は示唆しているのである。

その一方で、フランス人ほどプライドの高い国民は、他にみられない。

この〝プライドPride〟という言葉と、日本語の〝誇り〟とは多少ニュアンスが異なる。

フランス人のそれは、見方によっては、自尊心、時にはうぬぼれ、傲慢《ごうまん》とも言い得る。

したがってフランス人たち（なかでも軍人たち）は、いっ時でも自分たちの軍隊が弱いと言われた時期があったことを認めたがらないはずである。

しかし、一九一〇〜五〇年代に敗北が続いたのも確かであって、その事実を消し去ることはできない。

この矛盾をどのように解消したら良いのか、彼らはさんざん頭を悩ました。

その結果、行き着いたのは、もはや二度と敗北を味わわないために、独自の核戦力を保持することであった。

一九九六年には世界の反対を押し切って、南太平洋ムルロア環礁で核実験を行ない、同時に原子力推進の戦略ミサイル潜水艦の整備に力を注いでいる。

また国連への報告によると、同国は現在五二五発の核弾頭を保有しているのである。

このような状況に至ると、軍隊、軍人の強い、弱いといった評価そのものがあまり意味をなさない。

しかしフランス人の自尊心は、いつまでも〝強い軍隊を持ち続けたい〟という呪縛から逃れられないままなのである。

フランス人とフランス軍のエピソード

その1　なぜ核兵器を持ちたがるのか

一九一八年に幕を閉じた第一次世界大戦以後のフランス軍ほど、分からない軍隊はない。

第二次世界大戦がその二一年後に始まるのだが、この時の同軍は圧倒的な海軍力を全く行使しないまま、ナチスドイツ第三帝国によって大敗をきっする。

国土の北半分を占領され、その後三年にわたって屈辱的な生活を余儀なくされた。

確かに、大戦が終わるとともにフランスは戦勝国の一員となったものの、その後も前述のごとく二つの植民地戦争でこれまた敗れる。
現代の視点から見ればフランスは、得るものが少なく与えるものの多いベトナムとアルジェリアの植民地を早くから手放すべきであった。

特に第二次大戦が終了すると同時にここから手を引くほうが、はるかに得策であったのである。しかし、フランス軍は政府に対し相変わらず植民地を維持することを主張し続け、その結果、多くの人命と国力を消費したのであった。

さすがに再びベトナムやアルジェリアに進出しようとする意見は全く存在しないが、かといってその反省もなされていない。

もう一つ、現在のフランスを見るときに考えさせられるのは、ヨーロッパのほぼ中央に位置する地理的な好条件にもかかわらず、異常なまでに核兵器を持ちたがる意識である。

ソ連がすでに崩壊し、全く仮想敵国なるものが存在しないにもかかわらず、フランスは独自の核戦力の充実に異常なまでに力を入れている。

ほとんど核攻撃専門ともいえるミラージュ4型爆撃機、同2000N型攻撃機と核ミサイル発射可能なル・テリブル、ル・トリオファン級ミサイル原潜をそろえ、常時核攻撃能力を維持しようとしている。

フランスの人口は約七〇〇〇万、そして国民総生産は五七〇〇億ドルである。これを我国と比べてみると人口は約六割、GNPでは日本の半分にすぎない。

それにもかかわらず、この国は休むことなく核戦力の充実に力を注いでいる。この理由はどう考えてもはっきりしない。

ある研究者は、

「第二次大戦の初期にドイツ軍の侵攻を受け、前述のごとく国土の半分が占領されたという事態を二度と繰り返さないために必要だ」

と言い、また別の知識人は、

「大国意識を持ち、特に国連で安全保障理事国の地位を確保するために核戦力を保持している」

と見ている。

どちらの理由もまさに平和国家の日本、そして、われわれの目から見るとあまり意味のない事柄だと思うのだが、誇り高いフランス人としてはこれを手放す気はないようである。

しかし、もう一度これに関してはフランス国民に問いかけてみたい。

二一世紀を迎えた今、大国間の全面衝突などという事態が本当に起こると信じているのであろうか。

そうでなければ莫大な費用を要し、また、いったん事故が起これば多大な犠牲者を出す核兵器をなぜ持ち続けなければならないのか。

これに対する明確な回答はいまだに得られないが、日本政府はフランス政府及び同じようなヨーロッパの国、イギリスにこの点を強く主張するべきであろう。

繰り返すが、現在の時点においてフランスの安全を脅かそうとする国家など世界中に一つとして存在しないのである。

しかも北大西洋条約機構・NATOという集団安全保障条約があるではないか。

本当に世界平和と自国の安全を望むなら、段階的に核戦力と核兵器の廃棄への道を選択すべきなのである。

その2 フランスを代表する兵器ミラージュ

第二次大戦におけるフランス軍は、これといった代表的な兵器を持たないままに闘い、そして敗れた。

軍用機、戦闘車両、火砲とも低性能、雑多なものばかりで、ひとつとして有力な兵器はなかったのである。

海軍の艦艇もまた、速力こそ他国の同じ艦種を上まわっていたが、実戦にさいしての能力は決して高いとは言えなかった。

この点をもう少し詳しく取り上げてみたい。

第一次世界大戦（一九一四～一八年）時にすでに独立していたフランス空軍は、イギリス、ドイツを抜いて世界最高の戦闘機を開発、配備していた。その代表的なものは、

スパッドS13

であり、これは、

○唯一、二〇〇馬力超のエンジン（二三五馬力）を装備

○もっとも高速で、総合性能としても最上位に位置する

と広く航空評論家、研究者の間で認められている。

ところが前述のごとく、第二次大戦では一種として国際水準を上まわる戦闘機を生み出せ

なかった。

そしてその反省が、一九五五年六月に初飛行した、ダッソー・ミラージュ戦闘機に凝縮される。

フランスの国産戦闘機ミラージュ2000

蜃気楼を意味するミラージュ系列の戦闘機／戦闘爆撃機／爆撃機は、アメリカ、旧ソ連／ロシア製以外では唯一国際的に使われた。

なかでも五六年一二月に登場したⅢC型は、イスラエル空軍によって恐ろしいまでの威力を発揮している。カタログ・データからは充分に対抗できるはずのミグMiG21戦闘機さえ、ミラージュの敵ではなかった。

フランスは国家プロジェクトに近い形で、これを育成したため、多くの派生型が誕生する。

○標準的なⅢC　自重六・〇トン
○セミデルタ翼のF1　自重七・五トン
○大型の核攻撃機Ⅳ　自重一四・五トン
○最新の2000　自重七・五トン

それぞれ初飛行した年代も、大きさも、形も全く異なっているのに、すべて〝ミラージュ〟と呼ばれているため、実に分かりにくい。

ⅢC、2000はよく似ているが、
ミラージュF1
ミラージュⅣ
は、設計、製造メーカーが同じというだけで根本的に違う航空機なのである。

このような例は他にはなく、なぜこれほどフランスが蜃気楼の名にこだわるのか、理解に苦しむ。

しかしよく考えてみると、その答えがおぼろげながら見えてくるような気がする。

すでに述べたとおり、第二次大戦後の二大植民地戦争（ベトナムとアルジェリア）でフランスは敗れた。

この事実は誇り高いフランス人をひどく傷つけたものと思われる。

その一方、ミラージュ戦闘機は中東をはじめ各国で大いに活躍し、超音速旅客機コンコルドと共に、同国の航空技術を世界に広く知らしめたものである。

つまりフランスにとってミラージュは、蜃気楼よりもっともっとはっきりした形で〝フランスの誇り〟を示し続けた。

高速列車TGVも我が国の新幹線と比較すればかなり影の薄い存在であり、さらにルノーに代表される自動車産業もドイツのそれには及ばない。

となると、ダッソー・ミラージュこそフランスそのものであった。

古来、兵器には、国家を代表する役割があり、ミラージュはその典型といえよう。

その3　ＯＡＳと関東軍。大方面軍の横暴

軍人という人種は自己の権益に関してひどく頑迷である。

かつて中国大陸、満州国に駐留した日本陸軍の一部の関東軍は、本国の意向など全く無視した形で戦線を拡大しただけでなく、勝手に〝戦争〟さえ引き起こしている。

当時にあっても、明らかに陸軍刑法に抵触する行為であり、厳密にいえば死刑にもなりかねなかった。

しかし、それを非難する声は挙がっても、最終的にはなんの処分、処罰も行なわれず、関東軍の上層部、参謀はますます増長《ぞうちょう》の度合を強めていく。

まさに軍隊の私物化で、彼らこそある意味で最悪の日本人といえるのではなかろうか。

しかし、第二次大戦後のフランスでも、満州国における関東軍とよく似た組織があったことはあまり知られていない。

これを学ぶ意味からも、この組織ＯＡＳを取り上げておこう。

現在でこそこの略号は、

米州機構　Organization of American States

として一般的になっている。

ところが一九五〇年代のアルジェリアでは、フランス植民地軍と極右勢力の合同組織ＯＡＳとして、広く世界にその悪名を轟かせた。

一八世紀の終わりからフランスはアルジェリアを植民地としていたが、第二次大戦後独立

運動が激化し、ついにそれを認めざるを得ない状況に追い込まれている。大統領となったシャルル・ドゴールは、世界の趨勢《すうせい》を敏感に感じとり、アルジェリアを本来そこに住んでいる人々の手に戻そうとした。

これに対して軍部中心のOASは、反乱、テロ、そして大統領の暗殺まで画策し、徹底的に反対する。

その活動は、まさにこの国の全土を揺るがせたのである。

しかし国民、本国のフランス軍が大統領支持にまわったため、OASは次第に力を失い、ついに六〇年代の初めに消滅するのであった。

反面、もしフランスの軍部がこれに同調すれば、一九五〇～五八年、同国は内戦の危機に陥ったものと思われる。

満州国の建設、そして中国への侵出の中心となったのも、

㈠、陸軍の方面軍

㈡、一部の政治家と右翼勢力

㈢、退役軍人ら

であったが、アルジェリアをめぐる紛争でも、それは全く同じであった。

したがって昭和一〇年代、もし日本がアメリカ、イギリスなどの外交的圧力に屈して満州の放棄を考えた場合、第二次大戦後のフランスと似た様相を呈したはずである。

ともかくアルジェリアの独立までの間、フランス植民地軍、本国軍、OAS、アルジェリア民族解放軍FLN、フランス警察、憲兵隊、さらに秘密裡に介入したチュニジア、モロッ

このゲリラ勢力が入り乱れて闘い続けた。
しかもそれに加えてFLNの内部抗争も重なったため、
現地アルジェリア人　三六万人
フランス人　　六・二万人
の犠牲者を出してしまった。
この原因もOAS、つまり方面軍の軍人と右翼の人々が、時代の流れにさからって植民地の保持に固執した結果であった。
まだ日本が敗戦による虚脱状態から抜け切れていない頃の、遠いアルジェリアの紛争。
これを詳しく学ぼうとすると、そこに浮かび上がってくるのは、
シビリアン・コントロール　Civilian Control 文民統制の大切さであった。

第3章　ドイツ人と戦争

二つの大戦を戦い抜いた国

二〇世紀の戦争を振り返ったとき、もっとも頑強に戦ったのはどの民族、あるいはどの国民だったのであろうか。

もちろん時代やその時々の情勢によって、たとえ同じ民族であってもその戦いぶりは違ってくる。

例えば、

・日露戦争　明治三七～八年

・太平洋戦争　昭和一六～二〇年

において日本の軍人たちは、信じられないほど勇敢に戦い世界を驚かせている。

しかし現在の自衛隊を見ていると、複雑な交戦規則にがんじがらめにされていることもあって、〝闘魂〟そのものが萎《しぼ》んでしまっているようにも見える。

一九九九年三月の日本海における、いわゆる不審船事件を例にとれば、海上自衛隊も領海侵犯している相手をなんとしても拿捕しようとする以前に、法律違反を恐れるあまり本来の力を発揮し得ない、という実態が明らかになった。

現場の指揮官の行動を厳しく制限してしまうと、その度合いに比して軍隊の戦闘力は確実に低下するのである。

このような具体例は、一九六一年から七五年にかけてのベトナム戦争におけるアメリカ軍にも、たびたび見られた。

したがって今の状況、体制が変わらないかぎり、日本の自衛隊は決して精強な戦力になり得るはずがない。

さて話が本筋からそれてしまったが、二〇世紀において最強の軍人と軍隊を探すとなると、それはゲルマン民族つまりドイツ人ではないかと思われる。

その最大の論拠は、わずか二一年の間を置いた二度の世界大戦を戦い抜いたという事実に基づいている。

ドイツという国と国民は、

・第一次世界大戦　一九一四〜一八年
・第二次世界大戦　一九三九〜四五年

にさいして、どちらの場合も主役として参戦している。

前者ではオーストリア／ハンガリー、トルコを、そして後者では日本、イタリアを友軍としていたが、はっきり言ってしまえば、この中で本当に頼りになるのは日本だけであった。

そして相手はイギリス、フランス、アメリカ、ロシアというずれも当時の大国なのである。

第一次大戦ではイタリアさえ敵・連合軍側に加わっていた。

大戦略といった面から言えば、このような国々と戦わざるを得なくなったこと自体、外交的な失敗といわなくてはならない。

もう少しこの分野で頭を使えば、いずれも戦わずに済んだ戦争であったような気さえするのである。

それはともかく、いったん戦いとなるとドイツ人という人種は、叙情的には中世のゲルマン騎士団のごとく、敵から見ればまさに悪鬼のごとく、勇猛勇敢に戦うのが常であった。

イタリア半島防衛戦

もっとも身近なその事例としては、やはり第二次世界大戦であろう。

こうなると、その中の独ソ戦（ドイツ／ソ連戦争）のスターリングラードの戦いを挙げる研究者が多い。

一九四二年の秋から四三年の一月まで、当時のソ連の指導者の名をとった工業都市では、身を切るような寒気、完全に不足している食糧と弾薬という状況の中で、ロシア人とドイツ人は死に物狂いの戦いを続けたのであった。

上空ではそれぞれの空軍機が、地上では戦車、歩兵が、まさに両国の誇りを賭けて闘い、そして約三ヵ月の激戦の末、はるばるドイツ本国からやってきたゲルマンの末裔たちの多くは、この酷寒の地に眠ることになる。

食糧、弾薬のなくなるまで闘った彼らだが、それでも半数の兵士たちは降伏している。充分に任務を果たせば、降伏は恥ではないとする思想は、欧米人にとっては常識なのである。

スターリングラードにおけるドイツ軍は不利な状況下、最大限戦い抜き、この戦いがドイツ人の強さをもっともよく表わしているとする見方があるが、著者の考えは少々違う。

第二次大戦のドイツ人／ドイツ軍の本質を如実に示した戦闘ならば、一九四四年の秋から終戦直前まで繰り広げられた「イタリア半島の防衛戦」を取り上げるべきなのである。

北アフリカ、シチリア島、イタリア半島といった具合にイギリス、アメリカ軍、自由フランス軍は地中海方面で枢軸軍を圧迫する。

そしてヨーロッパにおける最大の同盟軍であるはずのイタリア軍は、すべての面でほとんど役に立たない。

なんと戦争の勝敗の行方がまだ混沌としている一九四三年の夏には、早々と連合軍に白旗を掲げ、しかもそのあと、これまでの盟友であったドイツ軍に攻撃を仕掛けるのであった。

降伏は許せるとしても、これには国家の信義がかかっているような気がするのだが……。

それはともかく、イタリア半島に上陸してきた連合軍に対して、駐留ドイツ軍は五分の一程度の戦力ながら、見事な防衛能力を見せつける。

細長い半島という地形を利用し、いくつかの防御ラインを構成、連合軍の北上をできるかぎり停滞させようと試みた。

空と海は完全に敵の手中にあるため、地上戦で頑張る他に方法はなく、いったん敗れればドイツ本国は南方から脅かされる。

これを阻止するため、在イタリア・ドイツ軍は空軍元帥ケッセルリングの下、一致団結して効果的な反撃と秩序ある撤退をうまく組み合わせて粘るのであった。

情勢が自軍に有利なときには、どのような軍隊であっても勇敢に闘う。

しかし圧倒的な敵軍に対して、勝目の薄い戦闘においても勇戦するのが、最強の軍隊とは言えないだろうか。

長靴そのままの形をしているイタリア半島を力まかせに北上する連合軍ではあったが、その速度は遅々としたもので、時によっては一日一キロにも満たない日も多かった。

当時のドイツ軍には、航空機、戦車、艦船がほとんどなくなっていたにもかかわらず、山岳の陣地を有効に使い、アメリカ、イギリス軍の足を止めようとした戦術はまんまと成功している。

この経過は次の事実を知れば、まさに一目瞭然である。

・連合軍のイタリア本土上陸　一九四三年九月三日
・イタリア半島のドイツ軍の降伏　一九四五年四月二九日

この日付からわかるように、連合軍は長さ一二〇〇キロ、幅一五〇キロの〝長靴〟を占領するのに、なんと一年半もかかっている。

いわゆる西部戦線（フランス――ドイツ）、東部戦線（ロシア――ドイツ）と比べた場合、主要な戦場ではなかったにしろ、イタリア半島をめぐる戦闘は、ドイツ軍の強さを全世界に見せつけたのであった。

しかも指揮をとっているのは、前述のごとく空軍の指揮官なのである。態勢が不利になっても、すぐに絶望的な反撃へと移行せず、じっくりと守り、敵に出血を強要する。

これが最強の軍隊の戦い方といっても、決して過言ではない。

なお最近入手した資料によると、イタリア半島の攻防戦のさいの両軍の死傷者の総数はドイツ三一・五万人、連合軍三〇・四万人であり、ほとんど差が見られないのである。互いの戦力に大差があっただけに、ドイツ軍の善戦ぶりが輝いている。

この点からは、日本陸軍にも満点はつけられないのであった。

ドイツ人的兵器

さてここからしばらくの間、人間/軍人から離れてドイツ生まれの兵器について論じたい。なぜなら、これから取り上げる二種類の兵器は、そのまま〝ドイツ人そのもの〟を実に良く表わしているからである。

第一次大戦のさいにも、ドイツは戦闘車両、航空機、艦船の分野で、それぞれ特徴的な兵器を誕生させている。

これが二〇年後の第二次大戦となると、よりはっきりしたものになり、性能はもちろん外観さえ、ドイツ第三帝国を象徴するものとなる。

この一番手は、メッサーシュミットBf109（特に初期のE型）戦闘機で、世界中のレシプロエンジン付き航空機のすべてを見渡しても、あれだけ直線で構成された機体はほかに存在しない。

主翼だけでなく、機首も胴体も、そして風防の形まで皆角張っている。ともかく曲線を描いているのは、垂直尾翼の先端のみといってもよいのではないか。

さらに加えて、国籍表示のマークまですべて直線なのである。

ドイツ空軍のメッサーシュミットBf109E戦闘機

もちろん性能もまた〝直線的〟である。

旋回性能などほとんど無視して、高度差、速度を利用した「一撃離脱」戦術に徹している。

日本の零戦や隼とは根本的に異なっており、ただただ力まかせに相手を打ち倒すということしか考えていない思想がある。

他の列強であるアメリカ、イギリス、ソ連の戦闘機を見ても、これほど割り切って設計された機体は他に存在しない。操縦するパイロットも戦闘機も、攻撃一辺倒であって、それがBf109のすべての部分に表われているのであった。

もうひとつの、ドイツを代表する兵器は、〝軍馬〟の愛称で知られるⅣ号戦車である。

これは初期のA型から最後のJ型まで、合わせて約一万台以上生産されているが、写真からもわかるように、これまたBf109と同様に転輪、防盾《ぼうじゅん》以外直線だけといった形なのである。

車体が四角い箱であるのは当然としても、砲塔からエンジンルームの上部も曲線とは無縁の設計で、同時代の列強の主力戦車（MBT）、

・アメリカのM4シャーマン
・イギリスのMk2・マチルダ
・フランスのシャールB
・ロシアのT34／76
・イタリアのM13／40
・日本の九七式

と比べても、このⅣ号戦車の直線の組み合わせは際立っている。

たしかに製造のさいには曲線より直線の方が造り易いとは思うが、それにしても、との感が強い。

「軍馬」と呼ばれたドイツ陸軍のⅣ号戦車

つまりスマートさには欠けるものの、力強さという点からは充分に魅力的なのである。

実際にBf109戦闘機ならびにⅣ号戦車は、第二次大戦の全般にわたって、ドイツ軍の中核として働き続けた。

・戦闘機　フォッケウルフFw190
・MBT　V号戦車パンター
が登場しても、数の上からいえば主力はこの〝直線兵器?〟であった。

現在のドイツ軍の主力戦車レオパルトII

現在のように兵器の多国籍化が進む以前は、まさに兵器ほどその国の国民性を如実に示したものは他になかったような気さえする。

日本海軍の零戦などその典型で、優美で流れるようなライン、繊細な構造、そして名人級のパイロットの手にかかると異常なほどの能力を発揮する操縦性は、まさに日本人の具現なのであった。

このような見方に立つと、Bf109、IV号戦車はそのままドイツ人を表わしているといってよい。

良く言えば真っ正直、悪く言えば剛直で融通がきかない。しかし逆境にあっても容易にくじけず、最後まで粘りに粘る。

これがゲルマン民族の資質であり、ドイツ製兵器の特徴となっているのかも知れない。

ところが第二次大戦の敗北は、半世紀を経てもなお重く彼らの上にのしかかっている。

戦後半世紀の間、ドイツという国とその国民は、あらゆる分野についてこれといった兵器を残していない。航空機なし、艦艇なし、わずかにMBTとして、「レオパルトIおよびII型」のみである。写真をじっくり眺めると、この戦車のラインはIV号に通ずるものがある。しかし、軍需産業そのものは、六一式、七四式、九〇式戦車、三菱F1、F2戦闘機を誕生させた我が国と比較しても大人しい。精強を誇るドイツ軍の復活を望んでいる欧州の国は皆無だろうが、それでも少々淋しい気がするのは果たして著者だけだろうか。

ドイツ人とドイツ軍のエピソード

その1　武装親衛隊の評価

第二次世界大戦に参加したすべての軍隊のうちで、もっとも頑強に闘った陸上戦力を調べていくと

㈠、日本陸軍
㈡、ソ連の赤軍の〝親衛師団〟
㈢、ドイツの武装親衛隊

が浮かび上がってくる。

しかし組織から見ていくと、三番目の武装親衛隊（ワッフェンSS：WSS）だけが特殊な

ものであることがわかる。
旧ソ連赤軍の〝親衛〟とは、陸軍の中のいくつかの部隊の功績を称え、部隊の番号の上に親衛の文字を与えたものである。
したがって、例えば「親衛狙撃兵（歩兵）師団」も原則としては他の狙撃兵師団と変わらない。
〝親衛〟の称号が付くと、多少装備と兵士の給与がよくなるといった程度なのである。
ところが第二次大戦中のドイツ陸軍の場合、全く違っていた。
つまり陸軍が国防軍と武装親衛隊というふたつの軍隊組織から成り立ち、この差が少なくなかったのである。
その時々によって一定していないのだが、戦力に関して言えば、同じ戦車を主体とする装甲師団であっても、WSSの方が数段強力となっている。
戦車、装甲車の数だけではなく、その質、つまり最新鋭の強力な車両を優先的に受けとっていたのであった。
具体的な例としては、
陸軍の装甲師団の戦車大隊　定数五〇台
WSSの装甲師団の戦車大隊　定数八〇台
であるから、戦力の違いがはっきりとわかる。
なかでも、
第一SS装甲師団　アドルフ・ヒトラー（総統）

第二SS装甲師団　ダス・ライヒ（帝国）
第三SS装甲師団　トーテン・コプ（髑髏《どくろ》）
は、一個師団という軍隊単位で見るかぎり、史上最大の戦闘力を持っていたと考えられる。本来ヒトラー総統の親衛・近衛部隊的な性格から、兵員五〇万名の軍事組織へと成長したのであった。

それだけに制服まで国防軍との間に差をつけ、まさにエリート中のエリートなのである。

しかし、ここではこのワッフェンSSを説明しようとするのではない。ナチス第三帝国の陸軍がふたつの組織から成り立ち、その片方が超エリート部隊であったことの是非を論じたいのである。

果たしてこれが大戦争を闘っているドイツにとってプラスに働いたのか、それともマイナスだったのか。

たしかに東部戦線（対ソ連戦争）、西部戦線（対西側連合軍との戦闘）において、前述のSS部隊は凄まじいまでの勇戦ぶりを発揮している。常に三～五倍の敵を相手に、刀折れ弾尽きるまで闘ったのである。

しかし——。

その事実が確かとしても、やはり弊害も少なくなかったと思われる。国防軍の陸軍部隊も、同じように死に物狂いで祖国のために闘っているわけで、この努力においては全く同様なのである。

それでいながら、装備、給与をはじめ他の条件もWSSの方がはるかに恵まれていたから、国防軍の側の不満は間違いなく高かった。

　さらに戦闘のさいの補給にしても、SSを優先して行なわれ、これが地域によっては国防軍との摩擦の原因ともなっている。

武装親衛隊の戦車兵とⅥ号戦車ティーガーⅠ

　いつの世にも、またどこの国においても多くの〝差別〟が存在するが、軍隊の組織の上でこれほど差をつけた例は歴史を振り返っても珍しい。

　ドイツの軍隊はあらゆる面でかなり合理的、近代的であり、とくに陸軍にあっては日本を大きく引き離していた。

　ところが、この国防軍とWSSについては同じ目的で戦っている同じ軍人の間に反発を生じさせる、という失敗につながったのである。

　例え軍人であろうと、片方だけがエリートとして扱われ、また装備、給与の点でも差が大きいとなれば、友軍同士の協力関係もうまくいかない。

　現実に、一九四四年の終わり頃からふたつの組織の軋轢が高まり、ラトビアではドイツ軍同士の小競り合いも起こっている。

　このような状況を知ると、WSS創設自体がやはり誤りという他なく、一見強力な戦力も逆に国防力の低下を招いたと見るべきであろう。

これまで我が国のドイツの軍隊に関する研究者も、この問題についてはあまり論じないままにきている。

このあたりでもう一度、軍隊内のエリート組織の功罪を見直すべきではあるまいか。

またこれは旧ドイツ軍だけの問題ではなく、我が国の自衛隊に対しても言えることなのである。

その2 なぜドイツは二度も大戦を戦うことになってしまったのか

一九三九年九月から四五年の八月まで続いた第二次世界大戦については、その体験者も大勢いることもあってよく知られている。

とくに日本はドイツ第三帝国と同様に、国土の大部分が焦土と化すほど戦ったのである。

しかしその一方で、一九一四年七月から丸四年以上にわたった第一次大戦についての関心は極めて薄い。

終了からすでに八〇年以上たっているから、参戦した兵士たちも全くといってよいほど残っていない。

しかもこの人類初の大戦に、日本は参戦したものの、
・ドイツの極東における拠点だった青島《チンタオ》攻略
・地中海に駆逐艦隊を送り、船団護衛に従事
といった程度の係わりあいしか持たなかった。

したがって、ＷＷⅠについての知識も関心も少ないのはしごく当然なのである。

ところで前述のごとく両大戦において、もっとも悲惨な目にあったのはドイツであった。第一次大戦では緒戦の勝利こそ手中におさめたが、結局イギリス、フランス、アメリカの国力の前に敗れ、屈辱的な休戦に追い込まれてしまった。

また第二次大戦の場合、被害はもっと深刻で、国土の四〇パーセント以上が戦場となり、国民の二割がなんらかの面で犠牲となったのである。

しかしながらこのＷＷⅡに関して、最初に仕掛けたのはドイツであった。

一九三九年九月一日、大挙してドイツ軍はポーランドに侵攻、これが大戦争の引き金になっている。

前大戦の惨状が記憶に新しいはずであるのに、それでも祖国の興亡を賭した戦争へ踏み出してしまった。

ここではその理由、原因を探ってみたい。復習するが、

ＷＷⅠ　一九一四年七月〜一九一八年一一月
ＷＷⅡ　一九三九年九月〜一九四五年八月

であるから、第一次大戦の終了から第二次勃発までの期間は二一年にすぎない（ドイツは一九四五年五月に降伏）。

したがって、前大戦でドイツが敗れたとき二〇歳であった兵士は四一歳である。

現に当時のナチスドイツ第三帝国の指導者だったヒトラーは、ＷＷⅠのさい陸軍の上等兵で負傷もしている。

もちろん戦争の悲惨さについては、実戦に参加していたので、骨身に染みていた。

これはヒトラーに限らず、ドイツの成人男子のほとんどが同じ状況であった。

海軍の総帥エーリッヒ・レーダーも、WWIのさいには潜水艦の艦長をつとめている。

このように、国民の大部分が二〇数年前の戦争をはっきりと覚えていながら、なぜ新しい戦争に突入するのを止められなかったのであろうか。

しかも戦争の様相もほとんど前大戦と変わっていない。小国を別にすれば、

連合軍	同盟側
イギリス	ドイツ
フランス	オーストリア／ハンガリー
ロシア	トルコ
イタリア	
アメリカ	
日本	

の組み分けが第一次世界大戦であった。

これが二〇年後の第二次大戦では

連合軍	枢軸側
イギリス	ドイツ
フランス	イタリア
ソ連	日本

アメリカ

となる。そしてどちらの場合も、ドイツは最終的にイギリス、フランス、ソ連／ロシア、アメリカと戦わざるを得なくなってしまったのだから、愚かとしか言いようがない。

そのうえ、フランスはともかく、他の三ヵ国のそれぞれがドイツと同等の戦力を有していた。

前述のごとく、なぜこのような失態を二〇年の歳月をおいて繰り返したのか、全く理解に苦しむ。

ドイツが再び斧を振り上げた理由としては、

㈠、WWIのさいの屈辱的な敗北の復讐

㈡、休戦後の大インフレーションの反動による国家主義の高まり

㈢、ゲルマン民族の誇りの再確認

㈣、種々の地理的、民族的な勢力拡大への要求

などであろう。

とくに休戦の条件となった、

・ジュネーブ条約

・一九二〇年代初期のインフレ

はドイツ／ゲルマン民族のプライドを深く傷つけ、これがドイツ第三帝国の建設とナチの台頭を招いたのである。

そしてジュネーブ条約で軍備を極端に制限されたドイツであるが、その二〇年後には海軍

はともかく最強の陸軍、空軍を整備していた。

WWⅠとWWⅡについて、時間的な尺度を、日本に当てはめると、

一九四五年（昭和二〇年）の敗戦

一九六〇年（昭和三五年）の軍事力増強

一九六六年（昭和四一年）の開戦

ということになるから、善し悪しは別としてドイツ国民の自国の再建に費やした努力がわかろうというものである。

逆の面から見れば、

「いかに勝者であろうと、敗者を徹底的に痛めつけてはならない。さもないと敗北した者は短期間で力をつけ、それが再び悲劇に結びつく」

という教訓なのかも知れない。

第4章　イタリア人と戦争

鮮やかな〝負けっぷり〟

すでに懐かしい言葉になってしまったものに、〝枢軸〟あるいは〝枢軸国〟がある。人類史上最大の戦争となった第二次世界大戦では、日本、ドイツ、イタリアの三ヵ国が〝枢軸〟と呼ばれた。この言葉の意味するところは、重要な部分、中核、中軸、中心などである。

英語で The Axis と書けば、これだけで枢軸国または枢軸を示す。

この三ヵ国のうち、日本とドイツはまさに矢尽き、刀折れるところまで闘ったが、残るイタリアについては状況は全く異なる。

同国は、ドイツによってフランスが降伏寸前まで追い込まれている時（一九四〇年六月）に漁夫の利を得ようと参戦し、戦局が不利になりかけた一九四三年九月には早々と休戦を申し出ている。

この、まるで悪戯《いたずら》っ子のような「単純さと要領の良さ」には呆れ果てるばかりであって、日本人、ドイツ人、そして連合国の中心であったイギリス人さえ、イタリアについてはなにか信用できないといった印象を持つに至る。

また大戦中のイタリア軍は緒戦から休戦まで、相手となったイギリス軍に負け続けた。

○地中海における海空戦

○ギリシャ、エチオピア、北アフリカにおける地上戦闘

で、ごく小さなものを除けば、一度として勝利の味を知らないまま敗れてしまったのである。そのあまりに鮮やかな〝負けっぷり〟は、他の戦争でもあまり例がないほどであった。

戦争突入直前のイタリアの軍備は、

陸軍　兵力六〇万人、戦車一〇〇〇台
海軍　戦艦四隻、他の艦艇一八〇隻
空軍　第一線機一五〇〇機

であった。

敵はもちろんイギリスで、主戦場は目の前の地中海とその周辺となる。

当時のイギリス軍はドイツとの戦いに精一杯であって、地中海戦区に張り付けている戦力は、

陸軍　兵力二〇万人、戦車一〇〇台
海軍　戦艦三隻、他の艦艇四〇隻
空軍　海軍航空隊と合わせて二五〇機

である。イギリス海軍は三隻の航空母艦を持っていたが、イタリアには間もなく二隻の新鋭戦艦が加わる。

公平に見てイタリア軍の戦力は、イギリス軍の三ないし四倍といえた。

また、イギリス軍は本国から遠く離れた地域で闘うことを余儀なくされているが、伊軍は自国の前庭で闘えるのである。

これほどの好条件で参戦しながら、イタリア軍は——戦っている本人たちが呆れるほど簡単に——負け続ける。

同軍がなんとか戦果を挙げ得たのは、一九四一年の春からこの戦区に登場してきたドイツ軍の後押しがあったときだけ、と言ってもよい。

この状況の詳細を述べる余裕はないが、三年三ヵ月における戦争の期間中、イタリア軍の勝利の記録をさがすことが難しいといった事実からもこれは証明できる。

ここではこのようなイタリア軍の弱体ぶりについて、ふたつの兵器を媒体に検討してみることにしよう。

装甲戦闘車両の非力

前述のごとく、イタリア陸軍は、

・エチオピアでイギリス軍
・ギリシャでギリシャ軍、のちイギリス軍
・北アフリカでイギリス軍

北アフリカ戦線のイタリア軍主力戦車M13／40

に大敗している。

いずれの戦闘においても、兵力的には優勢だったにもかかわらず、常に敵に圧迫され続けた。

この理由のひとつに、伊軍の装甲戦闘車両ＡＦＶの能力がきわめて低かった、という説もある。

北アフリカ（エジプト、リビア）におけるイギリス軍との闘いが本格化したとき、伊軍の主力戦車はＭ13／40であった。

このＭは中戦車を、13は戦闘重量一三トンを、40は制式年度一九四〇年を示している。

なお、この戦車の主砲口径は四七ミリであった。したがってＭ13／40は、日本陸軍の九七式改あるいは一式中戦車と同じレベルの車両なのである。

これに対するイギリス軍戦車は、

歩兵戦車ＭｋⅡ　マチルダ　二七トン

Ｍ３グラント／リー　二八トン

であったから、たしかに戦車戦の勝敗はあらかじめ判り切っていた。

当時、日本の自動車工業は弱体であって、欧米列強のような本格的な戦車を生み出すことは難しかった。

ところが、イタリアの場合はすでに一〇社におよぶメーカーがあり、総合的な規模では日本の五倍を超す自動車生産を行なっていたのである。

加えて、

エチオピア戦争　一九三五～三六年

スペイン内戦　一九三六～三九年

を経験していたにもかかわらず、機甲部隊と強力な戦車を育てる努力をほとんどしていない。

イタリアと日本の主力戦車

要目など＼名称	イタリア M13／40	日本 九七式改
戦闘重量 トン	14.0	15.0
全長 m	4.92	5.56
全幅 m	2.20	2.33
全高 m	2.37	2.23
乗員 名	4	4
エンジンの種類	ディーゼル	ディーゼル
エンジン出力 HP	125	170
主砲口径 mm	47	47
砲身長比	47	47
最大速度 km／h	32	38
航続距離 km	200	210
最大装甲厚 mm	30	25
生産数 台	800	1000
制式年度 年	1940	1942

もともとあまり戦意の高いとは言えないイタリア軍兵士が、自国の二倍の重量をもつイギリス軍戦車を見たとき、一戦を交えずに逃げ出したのもなんとなくわかる気がする。

事実、M13／40中戦車とL3／35軽戦車は、北アフリカをめぐる戦闘で、ほとんど活躍できないままに終わってしまった。

もっとも伊軍戦車部隊だけ

伊英戦艦の比較

要目＼艦名	ビットリオ・ベネト	R級	キング・ジョージ五世
排水量（トン）	四・一万	二・九万	三・七万
主砲（インチ×門）	一五×九	一五×八	一四×一〇
速力（ノット）	三〇	二三	二八

ではなく、歩兵も砲兵も、戦争というものに真剣に取り組んでいるイギリス軍の敵ではなかった。

このようにドイツ軍という後ろ楯がないかぎり、イタリア軍は常に敗れた。

それも敵軍に大損害を与え、そのあげく、といった状況ではなく、〝なんとなくズルズルと〟敗退を重ねるのである。

エジプトからリビアに展開した英軍は決して充分な装備、兵力を有する敵ではなかったが、それでもなおイタリア軍は負け続けたのである。

もしイタリア陸軍がM13／40より強力な、たとえばドイツのⅢ号戦車（二〇トン、五〇ミリ砲装備）を大量に装備していたら、北アフリカの戦いの様相は変わっていただろうか。

この仮定に対する解答は、次の事実によってかなり正確に示されるのである。

強力な戦艦の登場

海軍は前述の陸軍と違い、イギリス海軍のそれをはるかに凌駕する兵器を登場させていた。

これが、開戦直後に就役したビットリオ・ベネト級戦艦二隻（のち一隻追加）である。

このビットリオ・ベネト級は、当時イギリスが地中海に配備していた旧式のR級はもちろ

第二次大戦開戦直後に就役した新鋭戦艦ビットリオ・ベネト

ん新鋭のキング・ジョージ五世級よりも排水量、攻撃力ともに大きかった。

また戦艦の数から言っても、イギリス地中海艦隊の三ないし五隻に対し、イタリア艦隊六隻とこれまた伊軍が有利であったのである。

本来なら、この二隻の強力な戦艦が戦列に加わった時点で、イタリア海軍は積極的な攻撃を仕掛けなくてはならなかった。

同じ一五インチ砲を備えているとはいえ、イギリス戦艦（R級、クイーン・エリザベス級）は、第一次大戦時に就役した老兵である。

これに対してビットリオ・ベネト、リットリオは、ドイツ海軍のビスマルク級にも匹敵する戦闘力を有していた。

しかし、地中海における海空戦が激化しても、この二隻はほとんど出撃せず、たまに出ていっても、わずかな損傷ですぐに港に逃げかえっている。

結局、三番艦ローマを加えた三隻のビットリオ・ベネト級戦艦は、戦局に全く寄与することなく休戦を迎えるのである。

弱い伊軍の原因

ここで弱体のイタリア軍戦車と強力な新鋭戦艦を取り上げた理由は、『第二次大戦時のイタリア軍は、どのような兵器を保有していようと、〝弱い軍隊〟であった』という事実の証明のためである。

繰り返すが、保有する兵器の性能が劣っていようと優れていようと、第二次大戦のイタリア軍は戦闘の勝利の味を知らないままに休戦に至る。

この原因はどこに求めるべきなのであろうか。

これを数え上げれば、すぐにいくつか見つけることができるし、またそれなりの説明を付け加えることも可能である。

しかし根本的には、日本人以上に熱し易く、冷め易い典型的なラテン民族の気質を挙げるべきかも知れない。

ファシスト党の党首ベニート・ムッソリーニの煽動に乗り、うまく行けばフランス南部、ギリシャ、イギリスの植民地の支配権獲得が可能と思い込み参戦したイタリアだが、緒戦の戦闘に敗れると、とたんに戦意を失ってしまった。

これこそ、その善悪は別として〝ラテンの血〟そのものではあるまいか。

また伊軍の上層部の動向にも〝本気で戦争する〟という意気込みは全く見られなかった。

その一例として、北アフリカの戦いのさいの機甲、歩兵部隊の将軍たちの生活振りを紹介しておこう。

彼らは砂漠の戦場における生活にも、ローマの場合と全く同じ様式を持ち込んでいた。

優雅な天蓋《てんがい》付きのベッド、好みの食事を作らせるためにわざわざ本土から連れてきた専用のコック、そして豪華な乗用車。まさにイタリア貴族の生活である。

これに対して同盟軍のドイツ・アフリカ軍団の将軍は、兵士と同じレベルの生活を送っていた。

パンとスープと罐詰の食事、寝袋、そして簡素なキューベル・ワーゲン（ドイツ製の小型車）。

この違いが、北アフリカにおける伊軍と独軍の強さの差になったのかも知れない。

また軍の上層部の服装にも、同じ傾向が見られる。あまりに華美なイタリア軍の高級将校と、薄汚れたアフリカ軍団の佐官の軍服の違いはいちじるしい。

横道にそれるきらいもあるが、洒落《しやれ》た軍服を着用している軍人の多い軍隊ほど、実戦に弱いような気がする。

アジアの国々を旅行すると――具体的な国名は挙げずにおくが――いくつかの国では軍人（そして警察官も）の服装があまりに華やかなことに気づく。よく磨き込まれた靴、グリップ（銃把）に彫刻がなされた高価な拳銃、そしてお定まりのレイバンのサングラス。

このようなスタイルの軍人と軍隊は、第二次大戦のさいのイタリア軍高級将校と大同小異といったら間違いだろうか。

その粘り強い闘いぶりから、兵力、兵器の数が同じなら、世界最強を謳われるふたつの軍隊（イスラエル軍とベトナム軍）の兵士には、このような風潮は全く見られない。

ともに折目のなくなった軍服、スローチハットと呼ばれるヨレヨレの帽子、そして外から見るかぎりあまり厳正とは思えないような規律。

しかしいったん戦争となれば、彼らの闘い振りは充分に敵を震撼させるのである。

これと全く対照的だったのが、第二次大戦におけるイタリア軍であった。

しかし一言、彼らを弁護しておくことも重要であろう。

地中海をめぐる闘いは、イタリアにとって必ずしも必要な戦争ではなかった。少なくとも祖国の存亡とは無関係といえた。

したがって同国の陸・海・空三軍は、常に腰の退《ひ》けている姿勢で闘ったのかも知れない。

それでもなお疑問は残る。

イタリアはこれといった危機感も、また必要もないのに、自ら進んで戦端を開いたのである。アメリカとの軋轢《あつれき》が高まり、経済的にも不振をきわめていた我が国の状況とは全く異なる。

こう考えるとイタリア軍の戦いぶりは、やはり嘲笑をもって見られても仕方がないと言えるかも知れない。

イタリア人とイタリア軍のエピソード

小戦力が汚名をそそぐ

すでに本文中でも述べたように、第二次大戦中、枢軸側に立って参戦したイタリア軍は、ほとんど勝利の味を味わう暇もなく負けてしまった。そのあまりに見事な負けっぷりには、まさにあきれ果てるほかはない。

ところが、イタリア海軍の中でもいくつかの部隊は、イギリス地中海艦隊に対して壮絶な戦いを挑み、それなりの戦果を挙げる。

たとえば、マイアーレ（豚の意）と呼ばれた人間魚雷である。これは日本海軍の回天のように、人間が魚雷に乗り敵艦に体当たりするといった兵器ではない。

潜水艦から発進する小型潜水艇で、港に停泊している敵艦の艦底に爆薬を仕掛けてくるというものなのである。

かなり原始的なアイディアながらイタリアの人間魚雷は、ときには素晴らしい戦果を記録している。

一九四一年一二月一八日の戦いでは、地中海におけるイギリス側の東の拠点、エジプトのアレクサンドリア軍港に侵入し、一度に二隻のイギリス戦艦を沈没させるのである。

そしてこの際、驚くべきことにイタリア側にはほとんど損害はなかった。自軍の損害なしで、三隻の敵戦艦を沈める。

このような事実には、イタリア海軍の大型艦が全く活躍しなかっただけに、特に驚かされるのである。

潜水部隊にとって残念なことに、沈んだ三隻の戦艦は水深の浅い港の中であったため艦底が海底に着いてしまって、のちにすべてが浮揚されることになった。

それにしても、この人間魚雷の乗員の勇気は充分に評価されるべきであろう。

さらに、イタリア海軍はＭＡＳと呼ばれる高速魚雷艇を駆使して戦った。

イタリア海軍で活躍した高速魚雷艇MAS艇

全長六〇フィート、排水量一〇〇トンに満たない小艇に二ないし四本の魚雷を積み、三〇ノット（時速六〇キロ）を超える速度でイギリス海軍の大型艦に挑むのである。

多くの損害を受けながらもＭＡＳ部隊は、巡洋艦をはじめ多くの敵艦を撃沈している。

このような高速艇の攻撃に関しては、軍艦の中では比較的小型・高速の駆逐艦であっても逃れることは難しい。

イタリア海軍のＭＡＳ部隊はそれを知り、わがもの顔に地中海を疾駆するイギリス艦隊に対して、一矢を報いたのである。

ここから第二次大戦におけるイタリア海軍について、一つの法則が浮かび上がってくる。

『自分の乗っている軍艦の排水量が小さければ小さいほど、乗員の勇気はそれに反比例して大きい』

排水量三万〜四万トンの戦艦とその乗組員たちは、一応戦う姿勢を見せるものの、実際に砲弾が飛び交うとさっさと退却していった。

ところが、排水量一〇〇トンのＭＳＡ艇や三トン足らずの人間魚雷の乗員たちは、恐れることなく、あるいは敵地に乗り込み、あるいはイギリスの大型艦に挑んでいった。

このような事実から浮かび上がってくるのは、いったいどのようなことなのであろうか。最初に述べたように、イタリアの軍人のすべてが臆病であったとはとうてい思えない。一部の軍人は他国の海軍のまねのできないような、一見無謀とも言える敢闘精神を発揮しているのだから……。

したがって一つの民族という見方でイタリア人すべてを評価することは、これまた難しいと言えるのである。

第5章　アメリカ人と戦争

米軍は本当に強いのか

二〇世紀最強の軍隊といえば、やはりアメリカ軍という評価が一般的だが、二億四〇〇〇万人の人口を有するこの国の軍隊は本当に強いのであろうか。

たしかに、

・ノースロップＢ２に代表される戦略爆撃機群を揃えた大空軍
・もはや他のどこの国も持ち得ないほど超大型の正規空母を一二隻も揃えている海軍
・日本の陸上自衛隊をはるかに凌ぐ戦力を維持し続けている海兵隊

といった軍事力を見るかぎり、間違いなく〝世界最強〟と考えられる。

一九九一年春の湾岸戦争において、アメリカの軍隊は多国籍軍の中核をなし、総兵力九〇万人といわれたイラク軍を徹底的に打ちのめした。

戦争の勝利の形はいろいろあるが、交戦のさいの戦死者数もそのバロメーターといえる。

約一ヵ月間にわたる空爆、一〇〇時間の地上戦のすえ、中東最大の軍事力を誇ったイラク軍の主力は壊滅し、三万人前後の死傷者を出してしまった。

一方、アメリカ軍のそれは三〇〇人前後で、比率としては一〇〇対一である。

この事実からも、同軍の強さは実証されたといってよい。

また湾岸戦争は、アメリカ軍の実力をもっとも発揮し易い形での戦いであった。

多種多様の航空機をそろえた強大な空軍、高度に機械化された陸軍、敵の反撃の危険が存在しない海域にある海軍——それらがその攻撃力を最大限に活用できたのである。

このような状況下では、アメリカ軍は思う存分戦うことができる。

そして、ある面では無敵と言ってもよい。

しかしその反面、小規模紛争（低強度紛争）における特殊な戦闘となると、アメリカ軍の失敗が明らかになる。

小回りがきかない

第二次大戦後に起きた戦争／紛争のさいのこの種の作戦を見ていくと、まさに失敗の連続というほかはない。そのいくつかの例を掲げる。

(一)、ベトナム戦争中のソンタイ捕虜救出作戦（一九七〇年一一月）

大型ヘリコプターとそのエスコート部隊が、北ベトナム奥深くまで侵入、ソンタイ地区に捕らえられていると見られるアメリカ人捕虜の救出／奪回作戦を実行。ただし捕虜はすでに他の場所に移されていて空振りに終わる。

(二)、カンボジアにおけるマヤゲス号事件（一九七五年五月）

湾岸戦争でイラク軍を圧倒したアメリカ軍のM1戦車

カンボジアの共産勢力に拿捕されたアメリカ船籍の貨物船と、その乗組員の救出作戦。敵軍の兵力を見誤り、ヘリコプターに搭乗した救出部隊が大損害を受ける。そのあげく、侵攻したコータン島には、目的となった貨物船も乗組員もいなかった。

㈢、駐イラン大使館員救出のブルーライト作戦（一九八〇年四月）

テヘランに抑留されていたアメリカ大使館員六〇名の救出作戦。これまた複数のヘリコプターと大型輸送機を投入して行なわれたが、ヘリの故障続出で中止となる。

その直後に味方の航空機同士による衝突事故が発生、犠牲者を出しただけに終わる。

このほか、

一九八二年八月のレバノン侵攻

一九八三年一〇月のグレナダ侵攻

一九八九年一二月のパナマ侵攻

一九九二年一二月のソマリア救援

と、アメリカ軍はまさに世界各地の紛争に投入されるが、その結果は——一応最終的に目的は達成されはするものの——とうてい満足できるようなものではなかった。

もちろん、それぞれの紛争の形が大きく異なっていることが原因であろうがこれはごく当たり前で、戦争／戦闘がすべて同じ形態であると考える方がおかしい。

相手となる民族、現地の状況、軍隊の組織は、どこの戦場にあっても皆異なっているのである。

アメリカ軍の首脳もこの事実に気付いていなかったわけではなかろうが、その対応となると決して充分ではない。

また、先に掲げた紛争への介入とその結果を見ていくと、アメリカ軍（そしてアメリカ人）の弱点がはっきりと浮かび上がってくるような気がする。

それは結局のところ、アメリカ人の民族性にも直結しているのである。

多くの反論が出るのを承知で記せば、やはり、

『力は強いが、小回りがききにくい』

ということであろうか。

力にまかせて真正面から押しまくる場合には、アメリカ軍、アメリカ人兵士の実力は十二分に発揮され、持てる力は二倍にも三倍にもなる。

この好例が太平洋戦争中期以降のアメリカ軍であろう。

相手となる日本軍（主として日本海軍）がそれなりの戦闘力を有していると思われるのにもかかわらず、アメリカ軍得意の力攻めでやってこられるとなにひとつ有効な反撃ができないのである。

日本軍は昭和一八年から二年半、一方的に押しまくられて敗退を重ねるばかりであった。

不利な「制限戦争」

ベトナムで戦闘中のアメリカ海兵隊員とM48戦車

ところが戦後に至ると、それまでのアメリカ軍の状況が少しずつ変わってくる。

朝鮮戦争（一九五〇年～五三年）では、共産側（中国、北朝鮮軍）と死闘を繰り返したあげく、引き分けに持ち込むのが精いっぱいであった。

そしてベトナム戦争（一九六五年～七二年、アメリカ介入の期間）では、よく知られているように共産側の圧力をはね返せないまま不本意な撤退に終わる。

この原因はいくつでも挙げられようが、第二次世界大戦とはちがって、戦争のやり方に多くの制限が加えられたからである。

核兵器、原子力潜水艦以外のあらゆる兵器と、最大五三万人の兵力を投入したベトナム戦争であっても、「制限付き戦争」ではアメリカ軍の実力は少なからず削減されてしまった。

ところで前述の小規模紛争となれば、大戦争の場合よりも格段に制限が大きく、かつ多くなる。

介入する国の国民の反応はもちろんのこと、周辺諸国、友好国の思惑も無視するわけにはいかず、活動の結果はうまくいって当たり前、少しでもミスがあれば非難を浴びる。

このため投入する兵力をなるべく少なくする必要に迫られ、その上、完全に秘密のうちに準備がすすめられなくてはならない。

いったん行動が開始されれば、迅速、整然とした進行がなにより重要となる。

この辺りの状況は、なにごとも堂々と、そして充分な時間をかけて行なわれた湾岸戦争の開戦準備とは正反対である。

遅い特殊部隊の編成

もともとアメリカの軍部は、イギリスとは違ってこの種の戦争に適合しているはずの「特殊部隊」には冷淡であった。

第二次大戦においてアメリカ軍は本格的な特殊部隊を持たずに闘い、戦後に至っても一九六〇年代まで編成しようとしなかったのである。

ようやくジョン・F・ケネディ大統領の時代になって、

○グリーンベレー
○レンジャー
○デルタフォース
○シールズ

などが続々と誕生するが、それでもそれらの部隊および隊員たちは正規の部隊と比べたとき、冷遇されるままであった。このあたりの事情は、ベトナム戦争の悲劇を描いたアメリカ映画「地獄の黙示録」によく示されている。

またこれに関連して調べていくと、アメリカ人という国民はいわゆる〝冒険〟——それも個人の力による——とはあまり縁がなかった事実も浮かび上がってくる。

未踏峰の初登頂、小型ヨットによる大洋単独横断、未開地の探検などにアメリカ人の名が挙がることはほとんどない。

ただし国家、軍といった大組織がバックにつけば話は別で、一九二六年のバード少将による北極横断飛行や一九六九年のアポロ宇宙船による人類初の月着陸などはたしかに〝世紀の冒険〟と呼ぶべきである。

これがそのまま特殊部隊への冷淡さと、小規模戦争における数々の失敗に結びついているといったら、穿《うが》ち過ぎであろうか。

そしてこの種の軍事行動となったら、恐ろしいまでに実力を見せつけるのがイスラエル軍である。

・一九七六年六月のエンテベ奇襲作戦

・一九八一年五月のイラクの原子炉破壊

などの結果に加えてそのタイミングをみても、あまりに鮮やかな手腕に敬服するほかない。

前述のブルーライト作戦など、アメリカ軍は手を下《くだ》さず、イスラエル軍に頼んで実施してもらった方が成功した確率が高かった、とする皮肉な見方さえある。

ともかく、アメリカ軍による広義の軍事行動を見ていけば、その規模が小さくなればなるほど、失敗の確立が高くなっているのである。

これが実状とすれば、原因をどこに求めればよいのであろうか。

それこそアメリカ人というものの国民性による部分が大きいが、結局、

「組織と装備に頼りすぎ、個人の能力が発揮できない」

ところにあるような気がするのである。

また一見、柔軟な思考に支えられているように見えていながら、案外、兵士一人一人の行動の自由度が限られているのかも知れない。

つまり軍隊があまりに堅固に組織されているため、上からの命令がないかぎり、臨機応変の処置がとれないのであろう。

ベトナム戦争における地上の小規模戦闘のさい、アメリカ陸軍の歩兵部隊は厳しい交戦規則、ならびに無線で送られてくる上層部からの詳細な命令に悩まされた。

当時すでに人工衛星を中継する無線通信装置が開発されていたが、これが前線で戦う兵士には重荷となっていた。首都ワシントンの安全な場所から数千キロの天空を飛んでやってくる命令は、必ずしも的確なものばかりとは言えなかった。

やはり現場にいないと判らないことも多いのである。

望まれる〝規制緩和〟

・アメリカ独立戦争(一七七五年〜八三年)

・アメリカ南北戦争（一八六一年～六五年）のふたつの戦争のさいには、多くのアメリカ人が独自の戦術を組み立てて縦横に活躍している。

ある者は私的なゲリラ部隊を自ら編成し、またある者は軍の反対を押し切ってまで新兵器である潜水艦を建造し、いずれも少なからぬ戦果を挙げる。

戦争の間にも次々と新しいアイディアが生まれ、それらのほとんどは個人の力によって陽の目を見るまでに成長する。

残念ながら、第二次大戦の終了と共にアメリカとその軍隊から、このような気概は少しずつ失われていったのかも知れない。

はっきりした形ではないにしろ、アメリカ軍はこの点に気がついたようである。

とかく、「小回りがきかない」と言われることから、最近になってようやく陸・海・空軍、海兵隊の部隊の再編成に取りかかっている。

具体的には、

陸軍　師団を旅団編成に縮小
　　　緊急展開部隊（RDF）化する
海軍　空母機動部隊の細分化をはかる
空軍　戦略空軍を解隊
　　　すべてを戦術空軍へ転換
海兵隊　水陸両用軍MAF三コ編成を、六コに分割する計画を検討中などである。

いまだ中級、下級指揮官の自由度を大きくしようとする動きは見られないが、これも近い将来、イギリス軍、イスラエル軍並みになる可能性も捨て切れない。

もともとアメリカ人は冒険好きな国民であるから、これによって――眼には見えにくい形ではあるが――戦力の増強につながると思われる。

近代的な軍隊であっても、いろいろな面での〝規制緩和〟はやはり必要なのである。

アメリカ人とアメリカ軍のエピソード

その1　軍用機に描かれた裸の女たち

あらゆる点に関して頑迷な姿勢を保ち、俗な表現をすれば〝コチコチに頭が堅かった〟日本陸軍と比べて、アメリカ陸軍のそれは呆れるほど柔軟であった。

その典型的な例が戦闘機、爆撃機を問わず機首に描かれたイラストである。

最初のうちはミッキー・マウスに代表される漫画の主人公たちであったが、そのうちだんだんと過激になって、下着しか纏《まと》っていない若い女性が登場してくる。

なかでも太い胴体を持つ爆撃機、輸送機の類には、実物大のイラストまで描かれるのであった。

それもさらに露出の度合いを深めて、半裸、全裸の女たちが次から次へと現われる。

そのすぐ側には、品のないセックスに関するスラングが書き込まれるのであった。

これらの言葉は、普通の辞書をひいてもなかなか判らない〝専門的〟なもので、俗語辞典を使ってやっと理解し、そのとたん顔が赤くなることもある。

航空機、とくに軍用機になんらかのイラストや大きな文字を描くのは、どこの国の軍隊でもやっており、決して珍しくはない。

パイロットの妻の顔と愛称が描かれたＰ38の機首

お堅い日本陸軍でも、有名な一式戦闘機隼《はやぶさ》の垂直尾翼に描かれた矢印などよく知られている。

さらに社会主義国旧ソ連のヤク戦闘機の胴体に、白い百合《ゆり》の花が描かれている写真も残っている。

しかし、敵の航空機と血みどろの空中戦を行なう第一線用の軍用機に、赤裸々なヌードを描いている軍隊など、他には絶対にない。

さらには、上掲のごとくパイロットの夫人の大きな顔写真、かつ〝マージ〟という愛称まで書いているＰ38ライトニング双発戦闘機さえ存在する。

このような敵機と格闘戦に入った日本陸軍の操縦士は、この写真が目に入ったとき、どのように感じたのだろうか。

現実の問題としては、生死を賭して戦っているさなか、写真に気がついたとは思えないが……。

しかしもしこのP38戦闘機を撃墜して、その残骸を見たときの表情については、著者は全く思い浮かべることができないのである。

ともかく、これは日本の軍人の理解をはるかに超えているということ、またアメリカ軍が強いのか弱いのか判断に苦しむといったところが本音なのではあるまいか。

この「軍用機に描かれた女性のイラスト」は、ノーズ・アート Nose Art と呼ばれて、これらを集めた本さえいくつか出版されている。

他方、これがどのような精神的構造に基づいているのか、という分析に関しては一度として見たことがない。

高名な心理／精神医学の専門家であっても、これを判り易く説明するのは無理なのであろう。

その2　体当たりしてきた米海軍機

太平洋戦争の勃発以前から、日本の軍部はアメリカの戦力をかなり軽視していたように思える。

その陸軍、海軍とも兵員、兵器の数こそ多いが、それ以前の歴史からこれといった大戦争を経験していなかったからである。

それまでアメリカ軍が近代戦争を戦ったのは、

米西戦争（アメリカ対スペイン）　一八九八年

第一次世界大戦　一九一四～一八年（ただしアメリカの参戦は一九一七年四月から）

だけであり、このどちらも激戦とは言い難かった。

しかも日本国民もまた、アメリカ人は贅沢に慣れ、艱難辛苦《かんなんしんく》を避け、怠惰《たいだ》を好むと思い込んでいた。

したがって、その軍隊も決して強いとは言えないという論法となってしまった。

つまり〝勇猛果敢〟は、日本軍の専売特許だと思っていたのである。

ところが、それを根底から覆すような状況が、一九四二年六月のミッドウェー海戦のさいに見られ、日本海軍を驚かせる。

よく知られているように、この海戦は日本の航空母艦四隻を中心とする大艦隊が、同三隻のアメリカ艦隊と戦い、残念ながら大敗をきっしたものである。

戦闘直前、アメリカ海軍は戦力、実力ともに相手が上まわっている事実をつかんでおり、まさに必死の思いで戦いに臨んでいた。

もちろん将兵もこれを知っていたから、死に物狂いの闘志を見せる。

六月六日、午前八時八分、ミッドウェー島を発進した海兵隊航空部隊のSB2Uヴィンディケーター急降下爆撃機は、僚艦と衝突して動けなくなっている巡洋艦三隈《みくま》を攻撃する。

この攻撃は二隊合わせて一三機で行なわれたが、命中弾は一発もなかった。

しかしその直後、S・フレミング大尉のヴィンディケーター機が三隈に体当たりしたのである。

このさい、フレミングの乗機が日本側の対空砲火によって損傷していたとの資料もあるが、本当のところははっきりしない。

それはともかく、この急降下爆撃隊の第二編隊長は明確な意志を持って日本の巡洋艦にぶつかってきた。

この事実を知るとき、アメリカ人もまた必要とあらば、自分の身を犠牲にして戦うことがはっきりとわかる。

戦争末期、体当たり攻撃（特攻）を戦術として採用した日本軍上層部の非道、人命軽視とは全く関係がないだけに、このフレミング大尉の戦意の高さは印象的といえるのではないか。

なお彼の闘志を今に伝えるかのごとく、アメリカ海軍の一部のF14トムキャット戦闘機には、なんと日本語で〝闘魂〟の文字が書かれている。

この事実から学ぶべきもっとも重要な事柄は、他国民を自分だけの色眼鏡で見るべきではないという教訓である。

これはなにも日本人だけの問題ではなく、すべての国の人々が常に心すべきことという他はない。

その3　アメリカ人の残酷さ

戦闘機、爆撃機の機首や胴体に自分の妻やガールフレンドの名前、漫画の主人公はもちろん、場合によっては半裸の女性まで描いて戦ったアメリカ人。

当時の日本軍などまさに思いも寄らない行動であって、この一事をもってしても比較民族学のテーマになるような気さえする。

また第二次大戦の勝利のあと、陽気なＧＩのイメージは日本をはじめとするアジア、そしてヨーロッパ全土に広がっていった。

ある面ではその明るさが、陰湿な感じが強かったドイツ軍、日本軍とは対照的に人気を集めたに違いない。

さらにそれが〝正義の軍隊〟としてのアメリカ軍を認知させたとも言い得るのであった。

しかし――。

広島、長崎への原子爆弾の投下に見られるごとく、アメリカという国とアメリカ軍人もまた時として徹底的に残酷になる。

その典型的な例が、

一九四三年三月三日のビスマルク海海戦

である。

ニューブリテン島を出港し、ニューギニアのラエに向かう日本軍の輸送船八隻は、駆逐艦八隻に護衛され、しばらくの間順調な航海を続けていた。

しかしダンピール海峡に到達したところで、アメリカ軍、オーストラリア軍の航空機の猛烈な攻撃にさらされる。

延べ一〇〇機近い零式艦上戦闘機のエスコートがついていたにもかかわらず、輸送船と駆逐艦に被害が続出する。

輸送船のすべて、駆逐艦の半数が沈没、多数の重火器、弾薬、車両と共に日本兵三〇〇〇名以上が戦死（その大部分は溺死）している。

この戦いはのちに〝ダンピールの悲劇〟と呼ばれることになった。

翌三月四日、アメリカ、オーストラリア機は大挙して再び戦場となった海域に飛来し、海上をあるいは救命胴衣だけで、あるいは救命筏《いかだ》で漂流している日本兵を銃撃したのである。乗っていた船、軍艦を沈められ、海の上で味方の救助を待っている兵士たちにはなにひとつ反撃の手段はない。

それどころか救い上げられる可能性さえきわめて低いのである。

それを知っていながら、多数の航空機は銃撃の手を緩めず、繰り返し襲いかかっている。

言ってみればこれはまさに虐殺に等しい行動と断定できるのであった。

たしかに日本軍もいくつかの海戦のさい、この種の行為を行なったという記録が残っている。

ただしこれも戦いの最中の出来事であって、戦闘が終了したあと、わざわざ無抵抗な漂流者を銃撃するために出動したわけではない。

当時の状勢はすでに連合軍に有利になりつつあり、米、豪軍もこの方面の戦況に大きな危機感を持っていたとはとうてい思えないのである。

それでもダンピール海峡の悲劇は起こった。

軍用機にセミヌードの女性を描くアメリカ軍人、漂流者を執拗に銃撃するアメリカ軍人、そして戦後飢えに苦しむ日本人のためにミルクを配って歩くアメリカ軍人。

これがいずれも同じ人々であるという事実を、我々は知るべきなのであろう。

その４　数字に表われにくいアメリカ製兵器の性能と用法

第一次世界大戦のさいアメリカ軍は準備不足に加え、イギリス、フランス、ドイツとは一段遅れた技術によってきわめて貧弱な兵器で闘わなくてはならなかった。

たとえば航空機に関して言えば、第一線に投入できる戦闘機を開発、保有できず、フランスから供与を受ける有様である。

また英、独のごとく戦車を製造することも無理で、同国の陸軍はこの新兵器を持たないまま戦っている。

唯一、誇れる兵器としては、信頼性が高くまた大量に戦線に届けられたトラックであろうか。

本格的な戦闘を全く経験しなかった海軍はともかく、陸軍、そして空軍（正確には陸軍航空隊）は自軍の兵器開発能力の低さをさぞ嘆いたことであろう。

しかし、その後の反省と改善は見事のひと言に尽きる。

すべての軍事技術面で短期間のうちに長足の進歩を遂げるのである。

それをいくつかの点で検証しよう。

㈠、五軍で統一された機関銃

アメリカ軍は陸軍、海軍、空軍、海兵隊、沿岸警備隊からなっている。この五軍で使用される重機関銃を一九四一年までにすべて一二・七ミリ口径のM2型に統一した。

戦闘機、戦車、艦艇に搭載されるものから歩兵部隊に配備されるタイプまで、基本的には同じである。

当然、弾薬も消耗部品も大量に生産され、これが数値には表わせない形で戦力を向上させた。

㈡、対艦、対空兼用の五インチ砲の開発

戦艦、巡洋艦の対空砲、駆逐艦の主砲については、アメリカ海軍、日本海軍ともその主力は口径五インチ（一二・七センチ）の大砲であった。

しかし、その性能を調べていくと同じ口径、砲身長、砲弾の威力でありながら、思わぬところで能力に大きな違いがあることがわかる。

	対艦射撃	対空射撃
日本	一二発／分	四〜六発／分
アメリカ	二〇発／分	一二〜二〇発／分

といった数字から判るとおり、単位時間当たりの発射速度に大きな差があった。

とくに対空射撃の場合について、それはきわめて大きかった。

アメリカの五インチ砲では、装填方法が非常に巧妙に設計されていたのである。

これに対して日本の駆逐艦の主砲の一部は、対空戦闘のさいでもいったん砲身を水平に戻さないと、砲弾が装填できないものさえあった。

㈢、素早い技術陣の対応

日本軍の兵器改良速度は、精神主義重視という弊害もあって決して速いとは言えなかった。

他方アメリカのそれは――ソ連赤軍と同様に――充分というほかない。

○水平爆撃の精度不足

簡易計算器内蔵のノルデン式照準器の開発

○対戦闘機用の機関銃の精度不足
　未来位置予測のスペリー式照準器の開発
○対空火器の能力不足
　近接信管／マジックヒューズの開発
など、前線からの要求が届くと、大勢の技術者を動員して短時間のうちにそれを解決する方法を生み出し、実用化していった。
　これはもちろん国力の裏付けあってのことであろうが、情報の伝達、処理という面からも日本軍とは格段の差があったものと考えられる。
　軍隊の強さはこのようなところからも、現われることを忘れてはならない。

第６章　ロシア人と戦争

戦い続ける軍隊

すでに過去のものとなってしまった旧ソ連の軍隊だが、一九八〇年代のなかばにはアメリカと並んで最強の戦力であった。

ここではその、今はなき赤軍とロシア製兵器を取り上げるが、近・現代史を振りかえったとき、この国の軍隊の二〇世紀に入ってから絶え間なく戦ってきた状況がわかる。

その紛争、戦争の数があまりに多いので、文章中にはさみこむことが無理と考え、別表にまとめてみたので、まずこれをご覧いただこう。

さらに先にソ連軍（赤軍）が〝最強の戦力〟と記したが、限られたスペースながらこの事実を検証してみたい。

もちろんロシア人を主体とする軍隊は、組織の上から見ると、時代によって、

・帝政ロシア軍（帝政ロシア）
・左派共産軍・赤軍／右派・白軍（内戦中）

・ソ連軍（ソビエト連邦）
・ロシア軍（ロシア）
と名称、中味ともに変貌を遂げている。

しかし名前が変わっても、ロシア人が軍の主体であることには、今も昔も変わりない。

それではさっそく、主な戦争とロシアの軍隊を探っていこう。

㈠、帝政ロシア軍の戦い
この軍隊が戦ったのは日露戦争、第一次世界大戦であるが、その兵力の割に戦闘力が貧弱であったとする見方が一般的といえる。

ふたつの戦争中、ロシア軍はそれなりに粘り強く戦ってはいるが、兵員数からいえばかなり少ない日本、ドイツ軍に押しまくられて、一度として大きな勝利を得ることなく終わってしまった。

この理由は、なんといっても国内に盛り上がりつつあった革命への気運であり、対外戦争を闘うことより、どのような国内体制に移行すべきか、という点がロシアの人々にとって最大の関心事であったのであろう。

このため、抗戦意欲が高まることは、最後までなかった。

㈡、対イギリス／ポーランド戦争
日本ではほとんど知られていないのが、このふたつの戦争である。

前者は、革命勢力の拡大を快く思わなかったイギリスがバルト海に艦隊を送り、ロシア海軍と闘った幾多の海戦であった。

争である。

一方、ロシア／ポーランド戦争は、一九二〇年五～一〇月のあいだ続いた領土をめぐる紛争である。

この戦争でロシアの損害は死傷二〇万人、これに対してポーランド側のそれは五万人にすぎず、勝利は後者のものとなった。

当時にあってすでにソビエトという国が形造られつつあったが、国力としてはポーランドに劣っていたことがわかる。

㈢、ノモンハン事件とソ連／フィンランド戦争

ノモンハン事件は、我が国の陸軍（関東軍、満州国軍）との国境紛争であり、比較的よく知られているので省略する。

一方のソ連とフィンランドの戦争は、スターリン首相が、彼自身の手による大粛清から国民の目を外にそらそうとする目的のために起こしたものであった。

当時であってもすでに二億近い人口をもっていたソビエトが、同三七〇万人のフィンランドに次々と難題を押しつけ、そのあげく大軍を動員して侵攻した。

20世紀のロシア／ソ連／ロシアを揺るがした戦争

1	日露戦争　1904～５年
2	第一次世界大戦　1914～18年
3	ロシア革命　1917～22年
4	その後のイギリスとのバルト海戦争　1919年
5	ソ連／ポーランド戦争　1920年
6	ノモンハン事件　1939年
7	ソ連／フィンランド冬戦争　1939～40年
8	第二次世界大戦　1941～45年
9	朝鮮戦争（義勇空軍派遣）　1950～53年
10	中ソ国境紛争　1969年
11	アフガニスタン戦争　1979～89年
12	チェチェン紛争　1994～2000年

注・死傷者の数、国際的な影響を考えてこれだけにまとめたが、国内の粛清事件、スペイン内戦、張鼓峰事件、ハンガリー動乱など他にも多くの紛争あり。

しかしこの戦いは〝冬戦争〟と呼ばれただけに、平均気温が零度を下まわるような季節に行なわれ、準備不足のソ連軍は少数のフィンランド軍によって大打撃を受けるのである。

さて、この直前に第二次世界大戦が始まっているわけだが、ここまでの時点でロシア軍、ソ連赤軍の戦いぶりと兵士の資質といったものをもう一度最初から見ていくことにしよう。

日露戦争

まず日露戦争であるが、旧満州におけるロシア陸軍、そして太平洋艦隊、バルチック（バルト海）艦隊の戦力は、決して日本軍のそれに劣るものではなかった。

特に陸上戦闘においては、常に日本軍を上まわる兵力、火器を準備して戦いにのぞんでいる。

しかしながら、いったん戦闘がはじまると劣悪な指揮、兵士の士気の低下、柔軟性のない戦術などが原因で遼陽、奉天、沙河の野戦、旅順要塞の攻防戦に敗れる。

これらの戦いのさい、いずれも日本軍の最高指揮官が勝敗の行方に不安を感じるほどロシア軍は善戦するものの、つねに途中から息切れしてしまうのであった。

そして戦線の一部が綻《ほころ》びはじめると、それは短時間のうちに広がり、全部隊が退却していく。

一方、日本軍としては、わけもわからないうちに前面の敵の圧力がなくなるという、実に奇妙な体験をすることになった。

これに続く太平洋艦隊との戦力撃滅戦、バルチック艦隊との決戦において、後者は日本側

バルチック艦隊が大敗北を喫した日露戦争の日本海海戦を描いた絵画

から見るかぎり比較的楽な一度だけの戦いであったが、前者は勝敗がはっきりするまで、敵味方とも苦しい海戦が何度となく繰り返されている。

それでも最終的に帝政ロシアは極東、アジアにおける陸軍戦力の大部分と、海軍戦力のほとんどすべてを失い、東洋の小国日本との和平を受け入れざるを得ない状況に追い込まれてしまった。

このような歴史的経過を見ていくと、ロシア軍は決して精強な軍隊ではなかった。

そしてその最大の原因となると、貴族出身の士官とほとんどが農民から徴兵された兵士との間の軋轢《あつれき》と考えられる。

第一次大戦以前、ロシアの貴族はまさにその名のとおりの存在であって、一般の市民とは全く異なった贅沢三昧の生活を送っていた。

これはその生活の場が陸軍、海軍といった組織の中にあっても、なんら変わらなかった。

貴族たちは給与、勤務時間、仕事の内容となにをとっても良いところを独占していた。

対照的に兵士たちは、奴隷と似たり寄ったりの生活を強いられていたと言っても言い過ぎではない。
まさに貴族と労働者階級の生活程度の差が、二度にわたるロシア革命につながり、同時に帝政ロシア軍の〝弱さ〟の要因でもあった。

第一次世界大戦と内戦

この日露戦争と、ソ連／フィンランド戦争の間に入るのが、第一次世界大戦とロシア内戦である。

第一次大戦におけるロシア軍は、これまたドイツ軍に敗北をきっするのだが、これは日露戦争以上の大敗であった。

タンネンベルクの戦い（一九一四年八月下旬）など、ほぼ同じ兵力のロシア軍とドイツ軍が戦っていながら、人的損失は一〇対一まで開いている。

優れた戦術、恵まれた人材を揃えたドイツ軍は、数こそ多いものの日露戦争の敗北から立ち直っていないロシア軍を易々と打ち破る。

もちろん、第一次大戦の勃発に並行して、ロシアの革命は最高潮に達しつつあった。つまりロシア政府は、ドイツ軍と革命勢力というふたつの大敵に立ち向かわなくてはならなかったのである。

ただ革命を支持する人々にとってもドイツ軍は明らかに敵であって、そうであればもうすこし効果的な戦術を取り入れ、敵軍に打撃を与えるよう努力すべきであった。

二〇世紀初頭からの二〇年間、帝政ロシアの軍隊は、日本、ドイツ、イギリス、ポーランドの軍隊に負け続けるが、ここでは政府の無能とともに軍人の資質も問われなくてはならないのである。

ところでこの時代のロシア製兵器は、どのように評価されるべきであろうか。

第一次大戦とその後のロシア内戦で使われた装甲列車

主な陸戦兵器は大砲と機関銃で、これらについてロシアは充分に世界的水準を保っていたものと思われる。少なくとも日露戦争のさいには、軍艦も大砲も自国で製造可能であった。これに対して日本は、小型の大砲はともかく、軍艦は輸入に頼らざるを得なかった。史上最大の艦隊決戦であった日本海海戦の主役となった戦艦群について、

・ロシア　八隻の戦艦のうち半数が自国製

・日　本　四隻の戦艦の全部がイギリス製

と、建艦能力には大差があったといわざるを得ない。したがってほぼ一年間で決着がついてしまった日露戦争が、もし二年、三年と長引けば勝敗の行方はロシア有利となっていったはずである。

ソ連／フィンランド戦争

さて、第二次大戦以前にすでに〝赤軍〟へと変身し

ていたロシア軍が、再び大敗した戦争の記録が残っている。先に簡単に説明したソ連／フィンランド戦争である。

当時の日本にあっては、ソ芬戦争と呼ばれたが『芬』の字はフィンランドを指している。

この戦争は一九三九年一一月～翌年三月にかけて主としてフィンランド湾、カレリア地峡周辺で戦われ、その結果は大兵力を投入したソ連にとって思わぬ打撃となった。

兵力比はソ連四、芬一程度であり、戦車、大砲、戦闘機、爆撃機となにをとっても、その数では圧倒的にソ連が有利であった。

小国フィンランドなど鎧袖一触《がいしゅういっしょく》（相手を簡単にやっつけてしまうこと）と考えていた赤軍首脳たちだったが、いったん戦闘がはじまると、祖国防衛の意識に燃えるフィンランド軍によって手痛い反撃を受ける。

深い森と一メートルを超す雪の中で、地形を熟知し、充分に訓練された芬軍の小部隊は大敵を恐れず、昼夜を問わず侵入者に襲いかかった。

結局は数の威力に押されて休戦を申し出るのだが、砲声が止んだとき二〇万のソ連兵士が雪の原野、森林で倒れ、二度と起き上がらなかった。

これに対して、フィンランド軍の損害は二万人強にすぎなかったのである。

この戦いに限っていえば、フィンランドは小火器、迫撃砲をなんとか自国で造り出す程度で、戦車、軍用機とも輸入に頼っていた。

したがって、いわゆる〝重兵器〟のほとんどは欧米各国からの寄せ集めにすぎず、自国産の最新兵器を大量に用意したソ連とは大差があった。

それでもなお、戦場における勝利はフィンランド軍の側にあったのである。

この戦争の直前まで、ソ連国内では前述のごとく粛清の嵐が荒れ狂っていた。高級軍人から一般市民まで、わずかなことで「革命の敵、ドイツのスパイ」の罪名によって、ある者は処刑、ある者は収容所送りの運命にさらされる毎日であった。

このような祖国の状況のなかで、隣国とのあまり意味のない戦争に駆り出された人々の心境とはどのようなものだったのであろうか。

平和な日本に暮らす我々にとって、それはとうてい判り得ない。

だいたいにおいて、すでに大国であったソ連が小国フィンランドに戦争を仕掛ける理由など、大部分の赤軍兵士には思い浮かばなかったのだから……。

こうなると、ソ連／フィンランド戦争の勝敗の分析はそれほど意味をなさなくなってしまう。

しかし、この戦争から二年半、ソ連赤軍の本質を問われる戦争が静かに近づきつつあった。その戦争〝大祖国戦争〟において、赤軍はようやく真価を発揮するのである。

三種の救い主

帝政ロシアから生まれかわった大国ソ連は、その誕生以来休むことなく戦争、紛争の中に身を置いてきた。

そのうちの最大の戦いこそ、ナチス・ドイツ第三帝国との闘い、独・ソ戦争である。第二次世界大戦におけるこの戦争を、ソ連は『大祖国戦争』と呼んでいる。

そして多くの辛酸をなめながらも、これに勝利し、それと同時に超大国への道を歩みはじめるのであった。

しかし、一九四一年の六月からほぼ四年間にわたって続いたドイツとの戦いは、当時にあって世界唯一の社会主義国家を揺るがしかねないものといえた。

人口、そして兵士の数から見れば、ソ連二、ドイツ一の割合ではあったが、すでにフランス、ベルギー、オランダなどを打ち破っていたドイツの軍隊は、優れた兵器、よく訓練された将兵を揃えていた。

そしてまさに雪崩《なだれ》のごとく侵攻してきたドイツ軍によって、ソ連の軍隊は大損害を受ける。開戦から三ヵ月、死傷、捕虜、そして社会／共産主義を嫌って相手側へ寝返った者を含めると、その総数はなんと二八〇万人にのぼったという。

日本陸軍の常備兵力が六〇～八〇万人であったことを知れば、この数字にはただただ驚くしかない。

これに加えてソ連の三大都市、北のレニングラード、中部のモスクワ、南部のスターリングラードのいずれもが、陥落の危機に見舞われる有様である。

スターリン首相以下共産党の首脳は、ソ連邦の存在も危ういと思ったに違いない。

ところが四一年末から三種の救い主が登場し、それが人口一億八〇〇〇万人の大国を甦らせたのであった。

その最初のものは、四一年の十一月から翌年にかけて到来した大寒波で、これは耐寒装備の貧弱なドイツ軍を大いに苦しめた。

ロシアの冬は、ドイツのそれとはケタ違いで、最低気温はマイナス二五度に達していた。続いての救いの神は、赤軍の兵士自身の粘りである。

第一次世界大戦、ソ連／フィンランド戦争におけるソ連軍は、国内の混乱が続いていたこともあって決して強い軍隊とは言えなかった。

数的にはずっと少ない対戦相手（ドイツ、フィンランド軍）に翻弄され、戦果よりも損害が目立つばかりであった。

しかし、国が滅びるかどうかといった瀬戸ぎわに立たされたとき、赤軍はその底力を発揮しはじめる。

これまでの国外での闘いとちがって、守るべき国土、家族が存在するのである。

特に防御戦闘となるとソ連兵はまさに頑強そのもので、攻める側のドイツ軍に多大な出血を強要した。

この抵抗により、ドイツ軍の進撃は停止せざるを得ず、ついに前記三都市のいずれもがロシアの手に残った。

T34／76戦車とI―l2攻撃機

最後の救世主は、T34型戦車に代表される高性能の大型兵器である。

まずセ六ミリ砲を装備したT34／76戦車だが、これはドイツ軍の持つⅢ号、Ⅳ号戦車をはるかに凌駕する性能を持つ。

戦車の三要素は、攻撃力、機動力、防御力であるが、T34はこれらのすべてにおいてドイツ戦車を圧倒していた。

先にも述べたように、兵力的に少ないドイツ軍は、機甲部隊の積極的運用による機動戦術でそれを補っている。

だからこそ数的に勝る赤軍を、いくつかの戦場で敗北させてきていた。

つまり戦車の活用が、勝利の根源でもあった。

しかしながら優秀なT34の登場で、この分野の優劣は短期間で逆転したのである。

工場から戦場までの距離が近いこともあって、完成した戦車は翌日には戦闘に投入できるという利点もあった。

またそれまで戦車戦闘に絶対的な自信を持っていたドイツ軍ではあったが、T34の実力を知ったあとではその自信はすぐさま崩れ去った。

このようにして『大祖国戦争』の戦局は、わずかながらソ連に有利になっていく。

しかし相変わらずドイツ軍はしぶとく、赤軍が大きな損害を出す場合も少なくなかったが、一九四三年の夏には勝敗の行方は明らかになりつつあった。

ドイツ戦車を凌駕する性能を誇ったT34戦車

加えて別の分野でもソ連軍は、ドイツ軍の持っていない兵器を誕生させ、有効に使いはじめていた。

これがソ連独自の兵器とも言える、イリューシンIℓ2シュトルモビク対地・対戦車攻撃専用機である。

対戦車攻撃機イリューシンIℓ2シュトルモビク

もちろん各国の空軍は、これまでも対地攻撃用の航空機を保有してはいた。

ただし、それらは戦闘爆撃機、軽爆撃機、急降下爆撃機の類いにすぎない。

対戦車攻撃を専門にこなすために設計されたのは、シュトルモビクがはじめてであった。

間もなく、赤軍の将兵の誰もが、

「前線においては、シュトルモビクを毎日のパンよりも必要としている」

と考えるほど、活躍することになる。

性能は決して高いとは言えないものの、頑丈で信頼性に富み、大きな攻撃力を持つこの対地攻撃機は、ソ連軍には守護神、ドイツ軍には死神となった。

T34/76、そしてIℓ2によって、赤軍はようやくそれ自身の兵器体系を確立した。

この二種の兵器に関するかぎり、軍事技術では突出した力を持つアメリカ、イギリス、ドイツさえ追い越したのであった。

ソ連軍の中核を占めていた人々が、自軍の能力と技術に自信を深めたのも当然であろう。さらにアメリカから大量の良質の燃料が送られたこともあり、ソ連はドイツ人を自国の領土から追い出し、その後ついに降伏に至らしめた。軍人、市民を合わせて二〇〇〇万人という莫大な犠牲を払いながらも、完璧な勝利を手にしたのである。

アフガニスタン戦争

何度となく革命の嵐を体験しながら、『大祖国戦争』を勝ち抜いたことによって、ソ連邦はようやく成熟期を迎えた。

この戦争こそ、ソ連という国家とその国民が結集して最大の力を発揮した出来事であった。これで安穏とした生活が待っていると思われたが、現実はそう甘くはない。第二次世界大戦の終了は、単に〝熱い戦争〟の終わりであって、その直後から〝冷たい戦争〟が幕を開けるのである。

それまでの友邦であったアメリカ、イギリス、フランスとの対立は決定的となり、ソ連は再び軍拡競争を強いられる。

インフラストラクチャー（社会基盤）の面で西側に大きく遅れていたが、それを置き去りにしたままこの超大国は軍事力、宇宙開発、そして国威発揚のためのスポーツに力をいれた。

人間を宇宙に送り出している国でありながら、一般の電話さえ充分に発達していないという事実は、ソ連の実情をよく示している。

そしてお膝元のハンガリー、ポーランド、チェコなどの国は、共産主義の軛《くびき》から逃れようとたびたび反旗を翻すのであった。

このような状況の中で、ソ連は新しい戦争に足を踏み出す。

イスラム教徒の国アフガニスタンをめぐる紛争で、これは一九七九年末から本格化する。

ここでのソ連は、領土的野心こそ持ってはいなかったものの、侵略者に近かった。風土も、民族も違い、そのうえ宗教を生活の糧《かて》にしている国に対し、赤軍は侵攻したのである。

そして戦車、重火器、航空機など全く保有していないイスラム・ゲリラを相手とした戦争がはじまった。

この時点で赤軍の首脳は――ベトナム戦争におけるアメリカ軍のそれと同様に――楽な戦いであり、戦争は短期間で終わるものと考えていたようである。

ところが、険しい山々、強い宗教心がイスラム・ゲリラに味方し、Ｔ55、Ｔ62、Ｔ72、ＢＴＲ60といった戦車、装甲車を揃えた強力な機甲部隊、Ｍｉ24攻撃ヘリコプター、Ｔｕ95重爆撃機を大量に投入した空軍、そして充分な訓練を受けた特殊部隊スペツナズをもってしても、ゲリラに徹底的な打撃を与えられなかったのである。

このいわゆるアフガニスタン戦争の結果は、先に触れたベトナム戦争と共に、世界の戦史の上からもきわめて興味深いものと言える。

アメリカのベトナム戦争、ソ連のアフガニスタン戦争は、超大国の軍隊が兵力からみれば半分以下の、かつろくな兵器しか持たない不正規軍に敗れた戦いなのである。

イスラム・ゲリラに敗れる

それにしても当時としては世界最大、最強の赤軍がなぜイスラム・ゲリラ（ムジャヒディン）に敗れたのであろうか。

たしかに個々の戦闘を見てみると、人的損害はゲリラ側三〜五、ソ連軍一といった割合である。

それならば勝利はソ連軍の手にあるように思えるが、これが正規戦とゲリラ戦の違いといってよい。

この程度の損害率ならば、イスラムの人々は充分に納得できるのである。

前線で闘うゲリラの数はせいぜい一〇万人程度であろうが、兵士の補充はいくらでも可能で、戦争の三、四年目になると同じイスラム教国から多数の義勇兵がアフガニスタンにやってくるまでになっていた。

さらに隣国のパキスタンはゲリラの聖域となっているだけではなく、中立という言葉の裏で援助を惜しまなかった。

そのうえ、ベトナム戦争の借りを返そうと、アメリカもまたゲリラに最新の兵器、たとえばスティンガー対空ミサイルを供与している。

このような状況が続くなか、アフガニスタンに駐留するソ連軍の士気が明らかに低下しはじめた。

いっこうに見通しの立たないまま続く戦闘、はっきりしない戦争の目的、祖国の人々の関心の低さ、そして絶えることのない犠牲者。

これらのすべてが『大祖国戦争』とは大きく違っていて、兵士はとまどいと悩みを隠さなくなってきていた。

そして、改革派のゴルバチョフ大統領の誕生と共に、ソ連軍のアフガニスタンからの撤退が決まる。

一九八八年春からソ連軍はついに目的を達成できないまま、岩山に囲まれたイスラム教国から立ち去ったのである。
○最新兵器をそろえて侵攻してきたドイツの大軍を、死闘の末に追い返したのも赤軍
○貧弱な武器しか持たないゲリラを持てあまし、撤退せざるを得なかったのも赤軍
この違いはどこから来るのであろうか。結局のところ、広義では軍隊、狭義では一人一人の兵士の強さというものは、戦争の目的によって差が出るのである。

独ソ戦時の赤軍兵士と全く同様に、アフガニスタンの男たちは自分の生活の場を守るために戦った。

そしてたとえ個々の戦闘に敗れ戦死者が続出しよう

アフガニスタン撤退に際して整列するソ連軍機甲部隊

とも、休むことなく戦っていれば侵入者はいつかは去っていくと確信していた。この点に、アフガニスタンへの侵攻を決定した政治家、軍の上層部は気づかなかったのであった。

さて最近のロシアは、大改革期の後遺症も少しずつ薄れ、安定を取り戻しつつある。その一方で、経済の立ち直りにはまだ時間がかかり、ロシア軍自体も精強とは言えない状況のままである。

しかし考えてみれば、チェチェン紛争をのぞけば現代のロシア軍は今世紀はじめの革命以来ようやくにして戦火から遠ざかっている。

また周辺を見渡しても、大戦争勃発の可能性は小さい。

現在、将兵の目前の敵が経済的不況であるのは事実だが、絶え間ない戦争の中に身を置くよりずっとよい状況とも言い得る。

そして新しい世紀と共に、帝政ロシア軍―赤軍―ロシア軍と名を変えてきた軍隊は、規模こそ縮小されたものの、再び戦力を高めていくのではあるまいか。

ロシア人とロシア軍のエピソード

狼と羊の両方の性質を持ったソ連軍

第一次大戦時のロシア軍は、膨大な兵力を擁していたにもかかわらず、二分の一ないし三分の一の兵力しか持たないドイツ軍によって常に押され続けた。

これは日露戦争の時と同様に、国内、国民の間に革命への機運が蔓延しつつあったために、軍隊内の歩調も乱れていたからである。

ところが大戦中に革命が本格化し、この時生まれた労働者を中心とする赤軍は、恐ろしいまでの力を発揮する。

彼らが反革命軍と呼んだ旧来のロシア軍（白軍と呼ぶべきか）に対して執拗なまでの攻撃を続け、各地でこれを撃破していった。

その一方でアメリカ、フランス、イギリス、日本などはドイツと戦う一方で、共産主義を旗印に掲げる赤軍に対して露骨な妨害工作を行なった。

日本とアメリカはこれを牽制するためにシベリア出兵を行ない、イギリスは赤軍の海軍を攻撃するべくバルト海に艦隊を送った。

このイギリス艦隊とクロンシュタットを基地とするロシア艦隊との間では激しい戦闘が展開され、後者はほとんど全滅に近い損害を受けている。

当時の状況を見ていると、世界中の先進国が寄ってたかって、ロシアの労働者と赤軍を叩こうとしていたのである。

しかしこのような状況の中でも、赤軍はその力を失わず、史上初めて社会主義革命を達成する。

ソ連軍の強さは、この時の反発に根差していると言ってもよい。もちろんそれは日本を含めた周囲の先進国への不信感に支えられて、結束・戦闘意欲は恐ろしいまでに拡大していった。

そして戦略的には多くの失敗を重ねながらも、ある面でソ連赤軍は史上最強の軍隊へと発展していったのである。

ところが、このころから二つの事柄が明確になってくる。

その一つは、ソ連軍の強さはもっぱら外部の敵に相対しているさいのものであるということ。

二つ目に、国内の支配者たち、主として共産党に対しては全く軟弱、無抵抗という姿勢を取り続ける。

ある外国の研究者は、

『赤軍とは、外に対しては狼、党に対しては羊と言うべき軍隊である』

と言っているが、これこそまさに至言と言えよう。

一九三〇年代の中頃から赤軍はその勢力をますます増強し、大規模な部隊を海外に派遣したり、また数十万の兵力をもって隣国へ侵攻を開始できるだけの力を持つようになる。

前者は一九三五年から三八年のスペイン戦争、後者は一九三九年のフィンランド戦争である。

このほか、張鼓峰、ノモンハンで日本軍と大規模な軍事衝突を引き起こし、その力を世界に見せつけた。

一九四〇年の末までには、三万台の戦車、二五〇隻の潜水艦、一万五〇〇〇機の航空機などをそろえ、少なくとも大型の水上戦闘艦を除いては、世界最大の戦力を配備するまでに至る。

さらに、兵員数も四〇〇万ないし六〇〇万までに膨れ上がり、この点からも間違いなく最強の軍隊に育ちつつあった。

しかしその半面、共産党に対しては羊のごとく、ウサギのごとく従順であった。

これがもっとも明確に示されたのは、一九三六年から始まった指導者ヨセフ・スターリンによる大粛清で、まさに史上最大の悲劇としてロシア全土を震撼させた。

罪のあるなしにもかかわらず、いったん「反革命分子」「ドイツのスパイ」といった汚名をきせられれば、職業、年齢を問わず次から次へと粛清されていったのである。

現在の若い人たちは「粛清」の意味さえ分からないのではあるまいか。

辞書を引くと、

「政敵などを排除するために逮捕・監禁・処刑・収容所送りなどにすること」

とあるが、ほとんどの場合きちんとした裁判なしにこれが行なわれている。

特にどういうわけかスターリンは、子飼いの軍隊である赤軍に敵意をあらわにし、上は元帥から下は一般の兵士まで、手当たりしだいに粛清を繰り返した。

ともかく当時一六人いた元帥のうち一二人までが処刑・投獄、あるいはシベリアの収容所に送られている。

このときは兵科を問わず、海軍・空軍・陸軍のすべての分野から犠牲者を出している。

密告は徹底的に奨励され、人々は自分の身が危なくなれば友人、ときには家族さえ秘密警察に売った。

本当に反革命分子、あるいは外国のスパイかどうかといった事情など全く考慮されず、怪しいと疑われれば、それですべてが終わりだったのである。

そのためわずか三年の間に赤軍は驚くほど弱体化し、一部の部隊は軍隊のかたちをなさなくなってしまった。

このような状況の中でさえ、赤軍は全くこれに抵抗しようとはしなかった。驚くべきことに、スターリン、共産党や政府、中央委員会に対する反抗は、一度として存在しなかったのである。ただ嵐の前に身を縮めているだけで、ある面ではスターリンの暴挙に協力した。

もちろん、縦横に張り巡らされた密告者やスパイ網のため、組織立った反抗などできるはずはなかったとする意見は、基本的に正しい。

少しでも反政府・反革命を口にすれば、それは直ちに自分だけでなく家族の死をも意味していたのだから……。したがって、反抗したり事態を変えようとしても、現実の問題としては到底無理だったのは間違いない。

しかしそれでも、全く粛静を阻止することが不可能だったとは言い切れないのではあるまいか。

主義こそ違え同じ状況にあったナチス・ドイツ第三帝国では、民間・軍を問わず、反ヒトラーの運動が存在した。

民間の場合は、「白バラの運動」と言われる公然の反ヒトラー組織が誕生、また、軍の内部では、ヒトラーの暗殺計画が失敗こそしたものの何回か実行されている。

とくに後者はまさにあと一歩、現実には、ヒトラーの足元に置かれた爆弾の位置が数十センチずれていれば、成功する可能性が高かったのである。

これに対してロシアの場合、独裁者に対する同様な企ては全くなされないままであった。粛清の初期の段階で軍の一部が立ち上がり、スターリンを引きずり下ろすことは難しいにしても、彼を暗殺してしまえば史上最大の悲劇は阻止できたのである。

しかし、先ほどから述べているように、軍は羊であり、ウサギであった。このため歴史家からは、ソ連軍の評価は極めて低いものになる。

結局のところ、社会主義国の軍隊というのはその国の国民のものではなく、党の従属物であるという事実がここでも証明される。

すでにソ連は消滅し、再び第一次大戦前のロシアに戻った。その違いは、帝政であるか、独裁であるか、民主主義であるか、ということだけでロシアの名には変わりはない。

このように考えてみると、軍隊の存在意義は、「それが国民によって支持された政府の管理下、指揮下にある場合に限り」という注釈が必要なようである。

第７章　中国人と戦争

近代から現代にかけての戦争において、〝軍隊の強さ〟がもっとも大きく変わったのは中国の軍隊である。

歴史書を繙《ひもと》いても、これほど同じ民族からなる軍隊が変貌を遂げた例は皆無に近い。

ここでは人口一二〜一三億という隣国に目を向けて、この記述を実証するため、四つの戦争を追っていくことにする。

アヘン戦争

近代中国が最初に経験した対外戦争は、一八四〇〜四二年にわたって続いたイギリス軍との阿片（アヘン）戦争であった。

インド産アヘンを媒体としたイギリスの遠征軍と当時の中国を支配する清朝政府軍との闘いは、兵員数から見るかぎり後者が圧倒的で、その差は一対一〇〇にも及んだ。

たしかにイギリス軍は近代的な軍艦と威力の大きな火砲を装備していたが、戦域は中国の沿岸部であるから、地の利、動員の容易さといった面からは清朝軍が有利であった。

広東を中心とする限られた地域で、一八四〇年五月から四二年八月にかけて両軍は何回となく衝突した。

数の上では優勢な清朝軍だが、いったん戦闘となると、その弱体ぶりは眼を覆うばかりであった。

時には三〇〇〇名近い正規軍が四八〇名のイギリス海兵隊に追いまくられ、圧死者が出るほどの敗走となった。

かえって上陸してきたイギリス軍の暴虐に憤激し、貧弱な武器でそれに立ち向かった民衆の方が活躍したほどである。

戦争の死傷者は、清国側では二万人に及んだが、対するイギリス側はわずかに五二〇人(うち戦死者一八二人)にすぎなかった。

そのうえ、清朝政府は香港《ホンコン》島と九龍《クーロン》半島を九九年にわたって割譲せざるを得なかった。

この戦争のさい、清朝政府は闘っている相手のイギリスに痛々しいほど気を遣い、自軍の有能な指揮官林則徐をわざわざ解任するほどであった。

これでは将兵の士気が低下するのは当然で、清は自ら崩壊へ向けて歩き出すのである。

日清戦争

アヘン戦争から半世紀を経て、次に日本が清朝に宣戦を布告した。

これが朝鮮半島の支配をめぐって、一八九四年八月から翌年四月までの八ヵ月間にわたる日清戦争である。

それまで〝眠れる獅子〟という印象の中国であったが、アジアの新興国日本は戦闘開始とともにこれを一蹴する。

この時にもアヘン戦争のさいと同様に、兵力としては中国側が日本の二、三倍を有していた。

また海軍の大型艦の性能でも、これまた日本側をはるかに上まわっていたのである。

しかしいったん戦争が激化すると、清朝軍は陸上でも、海上でも日本軍の敵ではなかった。陸上戦闘では平壌、遼東半島の闘いで、海上では黄海海戦、威海衛の夜襲戦で、日本軍は呆気ないほど簡単に勝利を得た。

清はすでに眠れる獅子ではなくなった事実を、世界は知ってしまったのである。となれば欧米列強が黙っているわけはなく大中国の利権を貪《むさぼ》ろうと動き出し、この国の大都市に治外法権の地域（租界《そかい》）を次々と設ける。

これまで述べてきたごとくアヘン戦争、日清戦争における中国兵は、まさに話にならないほど弱かった。それは保有する兵器の質や数の問題ではなく、ただたんに闘う意欲を持っていなかったからである。

そしてその原因は、すでに四〇〇年にわたって続いてきた清国の、政府および軍全体にはびこっていた腐敗にあったと言わなくてはならない。

日中戦争

日清戦争からまた半世紀が経とうとする少し前から、日本による中国への侵略・進出が開始される。

より北部に建設した満州国だけでは満足せず、日本の軍部は中国沿岸部の植民地化を画策し、ここに日中戦争が本格化した。

このときの中国側は、

・右派の国民党軍（蔣介石軍）
・左派の共産党軍（紅軍）

と二つに分かれて、互いに闘いながらも日本軍に反撃する。

そしてこのふたつの軍隊についておおまかに言って、

・国民党軍＝兵力多し。ただし戦闘意欲は中程度
・共産党軍＝兵力小、装備不良。ただし戦闘意欲は高い

と見ることができる。

なかでも毛沢東らに率いられた紅軍は、戦争において素人集団にもかかわらず、次第に強力な戦闘力を発揮するようになりつつあった。

一九三八年（昭和一三年）の時点で、右派国民党軍の総兵力は三五〇万人に達しようとしていたが、これに対して左派共産党軍はその四分の一にすぎない。

また右派が西側（主としてアメリカ）、そしてソ連からの軍事援助を受けていたのに、左派は孤立無援のまま闘い続けなくてはならなかった。

しかし、この戦争が長びくにつれて、紅軍の実力は少しずつではあるが着実に向上しはじ

める。

ここにおいて中国の軍隊は大きく変わったのである。

共産党幹部は、兵士たちに戦う目的を明確に理解させる努力を怠らなかった。それとともに常に自分自身を清廉潔白に保とうと心がけた。

また一般の国民（そのほとんどは農民であった）の人権、人格を尊重しようとつとめている。

一見、目立たないこのような地道な努力が、装備においては全く貧弱なままの共産党軍を〝強い軍隊〟に変身させていったのである。

毛沢東に率いられた中国の紅軍兵士たち

この事実は、紅軍が作成した次のスローガンに如実に示されている。

「五大規律。八大注意」

この説明は省くが、いずれも国民（人民）のもつ権利を侵害するな、ということである。もし紅軍の兵士がこれを破れば、階級の上下を問わず厳しく罰せられた。

「闘う目的を明確にすること」

「自国の人々の持つ権利を尊重すること」

たったこれだけの努力で、アヘン、日清戦争であれほど弱かった中国人の軍隊は、戦闘に慣れているはずの日本陸軍にとっても手強い相手となった。

一方、数は多いものの、上層部の腐敗をなくせなかった国民党軍は、アメリカからの莫大な援助を受けとりながらも、徐々に力を失っていく。

そして、第二次世界大戦終了後に勃発した右左両派の戦争（国共内戦、一九四六年七月～四九年一〇月）においては、結局大敗し、中国本土を共産側に引き渡し、台湾へと脱出するのであった。

朝鮮戦争

新中国（中華人民共和国）の誕生からわずか一年後、人民解放軍は同じ社会主義を信奉する北朝鮮を助けて、朝鮮戦争（一九五〇年六月～五三年七月）に介入する。

第一次の派兵だけでも三〇万人、延べ派遣兵員数は三五〇万人以上にのぼる。

闘う相手は近代兵器を豊富に持ち、第二次大戦で幾多の実戦経験を有するアメリカ軍、またその援助で実力を蓄えつつある韓国軍であった。

中国の志願軍（実際には正規軍の最強の部隊）は、一九五〇年一〇月末から〝入朝（朝鮮に入ること）〟し、「抗美援朝」（美はアメリカを指す）戦争に突入する。

当時にあって世界最強と謳われていたアメリカ軍との大規模衝突は、永く続いた日中戦争、その後の国共内戦によって戦いに慣れていた中国軍にとっても苦しいものとなった。

介入初期の三ヵ月、兵員数と大量の迫撃砲、山岳地帯での戦闘といった利点を生かして、志願軍はアメリカ、韓国を中心とする〝国連軍〟を大いに痛めつけた。歴戦のアメリカ海兵隊さえ、犠牲をかえりみず攻撃してくる人民解放軍の大波によって、必死に退却せざるを得なくなっていく有様である。

中国兵のいずれもが、強固な思想教育を受け、社会主義の同胞を資本主義の侵略から守るため命を投げ出そうと決心していた。

また空軍力、火力の不足を補うため、中国軍はいわゆる人海戦術（Human Wave Attack）を多用する。

数千の歩兵が、迫撃砲の援護射撃のもとに敵陣に殺到するのである。敵である国連軍側が多数の戦車、機関銃、砲を揃え、そのうえ空軍の支援があったとしても、人海戦術はそれなりに効果があった。

人的犠牲をある程度覚悟すれば、敵部隊の壊滅も可能となるのである。

中国志願軍は一九五一年の春まで、この戦術により国連軍を北緯三八度線の南側まで駆逐することができた。

完全ではないものの、中国人の軍隊は最新装備のアメリカ軍にさえ対応できることを証明したのである。

これがアヘン戦争、日清戦争に大敗した中国（清朝）軍とは思えない、まさに人種、民族が全く違うのではないかと思えるほどの強さである。

その善悪は個人々々の考え方によって異なるであろうが、少なくとも中国における社会主義は、この国の制度ばかりでなく人々の生き方まで変え得たのであった。

どのような国民、民族でさえ、自国のためなら時によっては、命を捧げる。ただしそのさいの条件とは、捧げるに足る祖国かどうかといったところで決定されるのである。

このような見方をするなら、清朝の後半の時代は、そこに生きる人々にとってその価値を見出せなかったというしかない。

そのため軍隊の規律は最低の水準であり、兵士は外国の侵略にさえ本気で闘おうとしなかった。

一九四九年一〇月、中国の人々はようやく新しい祖国と守るべき生活を手に入れ、それが軍隊の強さにも繋がったと思われる。

ところがその軍隊も、国家の方針がわずかでも狂うと、必ずしもその力を発揮できないことが判明する。

国民生活がある程度豊かになり余裕が生ずると、共産党の指導にも陰りが見えはじめたのである。

そしてそれはまた、人民解放軍の戦力にも影響を及ぼさずにはおかなかった。

一九七九年二月、中国はソ連寄りの姿勢を打ち出していた統一ベトナムに〝懲罰〟を目的とした戦争を仕掛けた。

これが約一ヵ月にわたって続く「中越戦争」であるが、その結果は中国政府と解放軍上層部にとって好ましいものとはならなかった。

この戦争で〝祖国防衛〟の闘志を燃え上がらせたのは当然ベトナム側で、中国軍は明らかに〝侵略軍〟でしかなかった。

中越国境での戦争における両軍の兵員数の比率は、中国二、ベトナム一の割合であったにもかかわらず、後者の善戦敢闘ぶりが目立っている。

兵力にものを言わせて、中国は目標としていた三つの地方都市まで進出したが、死傷者の数からいえばずっと多かったのである。

また解放軍の機械化の遅れが顕著に表われ、迅速に部隊を移動させるベトナム軍を捕捉できなかったといわれている。


これらの事柄から中国人の軍隊を見ていくと、他の国の軍隊と同様に、その強さは〝闘うことの必然性〟に収束されているように思える。

自分の祖国がたとえ生命を投げ出しても守る価値があると考える人々から構成されたとき、軍隊はその持てる力を最高に発揮する。

この当たり前とも思える状況が、中国の軍隊を変貌させたのであった。

このような事実にもとづいて言うならば、我が国の自衛隊の戦闘力をどのように予測すべきであろうか。

最近では時代の推移があまりに速く、状況の正確な把握さえ難しい。

ただしはっきり言い得ることは、いつの時代であっても国家運営の舵取りである政治家の責任はかぎりなく大きいという事実である。

結局のところ、これが軍隊の強さを決定するとも言えるのである。

中国人と中国軍のエピソード

正規軍・民兵を合わせると相変わらず六〇〇万人という膨大な兵力を有する軍隊、人民解放軍については次の四つの事項を挙げておきたい。

いずれも近代中国にとって無視できない事柄であって、場合によっては、二一世紀のアジアに少なからぬ影響を与えるからである。とくに三番目の問題は近い将来、この人口一二億——つまり世界の全人口の四人に一人は中国人——という大国を根本から揺るがしかねない。

その1　常に敵より犠牲者数が多い戦争

戦後の五十数年間、中国は三つの大きな対外戦争を経験した。この際のいずれにおいても、戦闘による犠牲者が敵軍よりかなり多かったのである。

一九五〇年から五三年にかけての朝鮮戦争においては、中国軍は自軍の発表によっても一三万人の戦死者を出した。一方、アメリカ軍は約五万人であり、この比率は中国首脳に少なからぬ衝撃を与えた。

また、一九七九年の統一ベトナムとの戦争、いわゆる「中越戦争」においても、前述のごとくベトナム軍の損害一に対して中国軍のそれは二・〇であった。

また、この二つの戦争よりもずっと規模の小さな国境紛争、これは同じ社会主義国であるソ連との間に行なわれたものであるが、この場合にも状況は似たようなものであった。

珍宝島／ダマンスキー島を巡る戦闘の際、中国軍の歩兵部隊は大量の戦車・砲兵部隊を持つソ連軍によって全滅に近い損害を出した。わずか三日の戦闘でその死者は一〇〇〇名を超えたのである。

一方、近代兵器を大量に持つソ連軍の損害は一五〇名以下であったと伝えられている。

このように中国軍の戦闘は、その結果が勝利であろうと引き分けであろうと、自軍の犠牲者の上に成り立っていた。

この理由は旧日本陸軍の場合と酷似していて、ともかく歩兵中心であったからである。

また、かなりの数の機甲部隊や砲兵部隊を持っていながら、それを機動的に用いるという戦術は一度として行なわれていない。

この点を変えない限り、同じような傾向はいつまでも続き、場合によってはそれが軍の内部からの上層部批判となって表われる可能性がなしとはしないのである。

その2　近代化の遅れ

中越戦争の際、アメリカの置き土産である多数のM113といった装甲車を駆使して非常にうまく戦ったベトナム軍に対し、中国側は相変わらず古い戦術に頼っていた。

攻撃した側であるのに作戦は思うように進捗せず、数から言えば二分の一以下のベトナム軍に翻弄されてしまった。

この約一ヵ月にわたる戦争のあと、人民解放軍の指導的立場にある人たちは、自軍の近代化が遅れに遅れていることにようやく気が付く。

天安門広場をパレードする人民解放軍の機械化部隊

この事実は隠されることなく知れわたり、まもなく人民解放軍の大幅な兵員の縮小、それにともなっての近代化が進められる。

この時から二十数年、それは思いどおりに進んでいるのであろうか。

はっきり言って中国軍の近代化は決して順調ではない。

特に陸軍については、先ほどから何度も述べているように、戦術の更新が行なわれていないのである。多くの戦車を投入した機甲戦・電撃戦といったような戦い方とは、相変わらず無縁の軍隊なのである。

また空軍について言えば、ごく少数の新鋭機スホーイSu27などがそろえられつつあるが、第一線機のほとんどは極めて旧式のものであって、戦闘機は相変わらず三十年前のミグ21を主力としており、防空戦闘ならいざ知らず、進攻作戦の場合にはその威力は極めて小さいと言わなくてはならない。

海軍についても状況は似たようなもので、たとえば最も大きな威力を持つ核ミサイル発射可能な原子力潜水艦はわずかに一隻が造られただけである。

未確認情報ながらその二番艦は、ミサイルの発射実験中に爆発事故を起こして沈没している。

また、攻撃型の原子力潜水艦を保有してはいるが、その稼働率は信じられないほど低い。さらに、巡航ミサイルといったいわゆるハイテク兵器を自国では開発できず、すべてロシアからの輸入、技術供与に頼っているのが現状である。

その3　人民解放軍は党の軍隊なのか国民の軍隊なのか

最近になって、一部の知識層から最も重大な問題が提起された。

中国政府イコール共産党はこの問題を封じ込めようと必死に動いているが、情報化がこれだけ進んだ現在、いつまでも隠し通しておけるものではない。

その問題とは人民解放軍が共産党の軍隊なのか、あるいは中国国民の軍隊なのかという、軍の存在そのものにもかかわることなのである。

一九八八年の天安門事件の際、軍は共産党の側に付くか、それとも改革を求める国民の側に付くかという状況に立たされ、世界は固唾《かたず》をのんで北京を見詰めていた。

結局、人民解放軍は政府・党の側に付き、国民への弾圧に走ったのは事実である。

確かに軍の一部には人々の側に立つという動きもないことはなかったが、最終的には党の指導をそのまま受け入れてしまった。

国共内戦以来、共産党と人民解放軍に対する国民の信頼は充分に高かったと言える。しかし、天安門事件を契機にそれを見る目は底辺のところで大きく変わった。

人民解放軍がいつまでも中国共産党を守るためだけに存在するとすれば、国民はその状況に疑問を感じ始めるであろう。

これによって、時には軍が自分たちを弾圧する状況も出てくるからである。

まだ人民解放軍が党の機関の一部であることに対する疑問は小さいものの、もしかすると、これがいつかは人口一二億の大国を内部から揺り動かす力に成長するかもしれない。

その４　最大の弱点、兵器の質

陸軍の正規兵員数だけでも三五〇万人をかかえる中国軍。

もしかすると近い将来、世界の兵士の三分の一が、中国兵といった状況に至る可能性さえある。

しかし兵員数が多いといっても、中国の軍隊は多くの短所、欠陥も合わせ持っている。

その最大の弱点が、兵器の質の問題である。

これが解決しないかぎり、大規模な航空、海上戦闘の実施に踏み切れないのではあるまいか。

陸上戦闘は遮蔽《しゃへい》物も利用でき、少々旧式な兵器であってもそれなりに威力を発揮すると思うが、航空、海上戦に関しては大幅に不利になる。

ここでは、中国製の兵器の実態をわかる範囲で見ていくことにしよう。

○空軍／主力戦闘機の開発に失敗

中国空軍の主力機は、現在でもベトナム戦争（一九六一〜七五年）当時活躍したミコヤン・グレビッチMiG21である。これを国産化したチェンドーF7／FT7が各タイプ合わせて三〇〇〇機揃っている。
しかしその後、
シェンヤンF8／F8Ⅱ
シーアンJH7
の二種の戦闘機、戦闘爆撃機の自主開発を行なったが、いずれも成功しなかった。
一応、実戦配備まで進んだものの、性能的には不充分でその数は少ない。
しかもそのあとに至ると自国での開発をあきらめてしまい、ロシアから、
スホーイSu27フランカー
の購入に踏み切った。もちろんのちにノックダウン（部品を購入しての組み立て）に入るものと思われるが、それにしても高出力のジェットエンジン、機体、電子機器類の独自開発は難しそうである。
○海軍／原子力弾道ミサイル潜水艦技術の遅れ
アメリカ、ロシアに次ぐ軍事大国を目指す中国としては、どうしても長射程のミサイル原潜を持ちたいと考えている。

中国の国産戦略ミサイル原潜夏級

そして、その夢の実現が一九八七年に就役した夏級（XIA：シアと発音）である。しかし、最初のミサイル発射実験に失敗しただけでなく、そのさい潜水艦自体も沈没してしまったと伝えられた。

その三年後、ようやく発射に成功との情報もあるが、シアは姿を見せていない。

また攻撃型原潜の漢（HAN）級、通常タイプの宋（SONG）級などの稼動率も、米、英、日本の潜水艦と比較してかなり低い。

しかも戦闘機と同様に、ロシアからキロ級潜水艦を輸入しはじめている。

この事実は、中国が近代的な潜水艦を造り得ないという証拠なのではあるまいか。

これらの状況から、数こそ多いものの中国海軍の潜水艦戦力はまだまだ低いと考えられるのである。

○陸軍／貧弱な戦闘車両

中国陸軍もまた主要な兵器をロシア製のデッドコピーに頼ってきた。

たとえば主力の五九式戦車は、旧ソ連のT54／55そのままである。

現在の八四式はT72から発達したものと思われるが、その性能（特に防御力）は日本の九〇式、アメリカのM1A2、イギリスのチャレンジャーⅡ、ドイツのレオパルドⅡAなどと比べると、二段階も落ちる。

さらにこれは著者が中国製の車両に試乗したさいの結論だが、内部に関して言えば乗員の安全性が不足し、かつ人間工学的な配慮が全くなされていない。

このような車両に乗って万一九〇式、M1と戦うとなったら、それは旧陸軍の九七式戦車で、アメリカ陸軍のM4シャーマンと対決する以上の差が生まれるはずである。

もちろん、中国も日々豊かになり、それと共に兵器開発の技術水準が向上しているのは間違いない。

しかし、相対するアメリカもここ数年好況が続き、軍事費も増加の一途をたどっている。

こうなると兵器の能力の差はなかなか縮まらず、かえって開いてしまう可能性さえある。

したがって中国の首脳が声高に述べる、

「武力による台湾の独立阻止」

も、絵に描いた餅という気がしないでもない。

ただ金銭的に困窮をきわめているロシアの軍事技術が中国に注ぎ込まれれば、状況は一挙に変わり得るのであろう。

第8章　インド人と戦争

大英帝国の植民地

日本とはあまり馴染《なじ》みがないが、インドは人口から見ると世界第二の大国である。三三〇万平方キロ（わが国の約九倍）という国土に、実に九億四〇〇〇万人の人々が暮らしている。

これまでの超大国であるアメリカ、旧ソ連の人口が二億五〇〇〇万人程度だからその四倍近い。

ご存知のごとく、インドは二〇〇年にわたって、大英帝国の植民地となっていた。二〇世紀初頭の段階では、この地にやってきた一二〇万人のイギリス人たちが、五億のインド人を支配していたのである。

大英帝国のインド支配は巧妙、狡猾で、現地のサルタン（地方豪族、藩主）をうまく取り込み、この植民地を永きにわたって運営、統治していく。

なかでも呆れ果てるのは、前述のごとくふたつの世界大戦のさい、インドの人々を兵士として利用したことである。

自国（インド）に対するドイツからの攻撃など皆無であったのに、なぜインドの人々が遠くヨーロッパの戦場で、イギリスのために血を流さなくてはならないのか。

このような疑問を、当時のインド兵たちは抱かなかったのであろうか。

自分たちの国を植民地化している国を助け、係わり合いのないドイツ人と殺し合う。

現代から見るとあまりに悲惨なインドであった。


旧列強諸国の植民地支配については、今後もなるべく多く取り上げていきたいが、ここではひとまず措《お》くとして、インド人の〝兵士としての資質〟を論じてみたい。

インド人が、彼ら自身で外国の軍隊と戦ったのは、近・現代という時代で見るかぎり、『セポイの乱』（一八五七年五月〜五九年七月）が最初である。

セポイとはインド人傭兵《ようへい》のことで、彼らが中心となり、支配者たるイギリス人たちを追放しようと立ち上がった大反乱戦争であった。

一時は三〇万人以上のセポイが、イギリス植民地軍と激戦を交える。

この戦いで二度の勝利をおさめるが、必ずしも民衆の支持は得られず、さらに続々と本国から送られてくる増援部隊のイギリス軍によって、二年後には鎮圧されるのであった。

これにより、インドの独立は半世紀も遅れるが、それでも『セポイの乱』は、宗主国イギリスを震撼させた。

印パ戦争

さて第一次、第二次大戦において、インド軍はイギリス人の指揮下で闘ったので、その実力は未知数というしかない。

インド軍に捕獲されたパキスタン軍のパットン戦車

その後、一九四七年八月、ついに念願の独立を達成し、ようやく本当の国造りがはじまる。

このさい、インドは宗教、民族によってふたつ（のち三つ）に分離する。

・インド／ヒンズー教、アーリア族
・パキスタン／イスラム教、パンジャブ人、シンド人

この分離にさいして、そしてその後二回の計三回、両国は戦火を交えている。これが、いわゆる印パ戦争で、

・第一次　一九四八年一〇月～四九年一月
・第二次　一九六五年一月（約一ヵ月）
・第三次　一九七一年三月～一二月

であった。第一、第二次ではそれほど激しい戦闘はなく引き分けに終わっているが、第三次戦争では、インド軍が明確な勝利を得た。

その結果、東パキスタンは消滅し、その地域はバン

グラデシュとして独立する。

この第三次印パ戦争において、独立から二三年を経ていたインド軍は、前二回の戦争とは全く異なった戦い振りを見せる。

陸軍はソ連製戦車T54／55を大量に投入して〝ミニ電撃戦〟らしきものを実施し、一方海軍は空母、巡洋艦からなる機動部隊を駆使してパ軍を攻撃した。

いずれもこれらの戦術はかなり効果を挙げ、パキスタンは少なからぬ打撃を受けたのである。

もちろんそれは、本国の西パキスタンの崩壊につながるようなものではなかったが、東パキスタンを失った。

この事実に対するパキスタン国民の怒りは根強く残り、現在でも印パの対立はアジアの紛争の火種となっているといってよい。

中印国境紛争

しかし見方によっては、この印パ戦争は――もともとはひとつの国であっただけに――内戦ということもできよう。

その意味からインド人とその軍隊の実力を探るためには、本格的な対外戦争を見ていかなくてはならない。

インドが戦ったただ一回の対外戦争は、一九六二年七月〜一二月の対中国戦争（中印国境紛争）である。

一九五九年三月、中国はチベットを武力でおさえ込み、身の危険を感じたチベット仏教の総帥ダライ・ラマはインドへ亡命した。

これをきっかけにインドと中国の対立は一気に高まり、六二年七月の軍事衝突に至る。具体的には国境線が不明確なラダク地区に中国軍が侵入し、これをインド軍が排除しようとして闘いとなった。

この地区は険しい山岳地帯でもともと国境線ははっきりしていなかったが、それでも一九五四年に締結された『平和五原則』によってそれまでは平穏であった。

しかし、チベット問題が浮上したことによって、ラダク地区にもキナ臭い匂いが漂いはじめたのである。

両軍の第一線兵力はともに約一万であったが、その後方にはそれぞれ一〇万人が待機していた。

また以前にも何回かの小衝突があり、両軍の間の緊張は少しずつ高まっていた。

一〇月二〇日、中国軍は軽戦車を伴い、大規模な攻勢に出る。

ただし攻撃方法は朝鮮戦争のときと同様に、多数の迫撃砲に支援された歩兵部隊の波状攻撃であった。

朝鮮戦争でアメリカを中心とする国連軍との戦闘を経験していた中国軍は、圧倒的な強さを見せ、国境警備隊と陸軍との混成であったインド軍を、最初から押しまくった。

雨のごとく降り注ぐ迫撃砲弾と、銃剣をきらめかせて突撃してくる中国軍によって、短期間でインド軍は壊滅する。

このような形の戦争では、インド軍は中国軍の敵ではなかった。わずか三週間で中国軍は領内三〇キロまで侵攻し、インド軍の第一線部隊に大打撃を与えたのである。そして一一月二一日、勝利宣言をするとさっさと一方的に撤退した。

この一九六二年の紛争にさいして、最初から最後まで主導権を握っていたのは明らかに中国側であった。

それは次に示す両軍の人的損失によってもはっきりと示されている。

インド軍の損害

戦死二三〇〇名、負傷三〇〇名、行方不明五〇〇〇名（インド側の発表）

戦死一六二〇名、負傷不明　捕虜三三〇〇名（中国側の発表した戦果）

この数字を見ると戦死者の数には大差があるが、インド側の人的損害の総数はかなり一致していることがわかる。

これに対して中国側の損害は、インド側の一〇分一程度にすぎなかった。

なお、かなりスケールの大きな戦闘であったにもかかわらず、両軍とも紛争の拡大を恐れて空軍は出動させていない。

ところでラダク地区の戦いの様相を調べていくと、同じアジアにおいてこれと類似した形の戦争に行きあたる。

それは一九七九年二月〜三月の、中国／ベトナム間の戦争（中越戦争）である。

中印戦争と同様に、ここでも中国は〝懲罰〟としてベトナムへ侵攻した。

もちろんベトナム全土を占領しようといった意図は毛頭なく、単になにかにつけ自国に盾つく隣国をこらしめようと考えたものであった。

・中印戦争＝チベット問題
・中越戦争＝カンボジア問題

という原因からもふたつの戦争はよく似ている。

しかし中越戦争におけるベトナム軍は、インド軍と異なり善戦した。

山岳地に築かれた陣地をうまく利用し、兵力的には圧倒的である中国軍に多くの損害を強要したのであった。

中印戦争と同じように、中国軍はベトナム領内三〇キロにまで入ってはきたが、損失はベトナム側の二倍に達したと伝えられている。

つまり同じ中国軍を相手に闘いながら、

ベトナム　後退を強いられるも、敵に大きな損害を与える
インド　押しまくられて、後退。損害は敵の一〇倍

と、これだけ大きな違いとなってしまった。

永く続いたアメリカ軍、南ベトナム軍との戦いによって鍛えられたベトナム軍は、インド軍はもとより平均的な中国軍部隊よりはるかに強いことが証明されたといえよう。

このふたつの国境紛争によって、インド軍は中国軍、ベトナム軍と比較した場合、戦闘力にかなりの差があることを露呈してしまう。

インド軍の兵器

我々の常識としても、またこれらの分析からも、やはり同軍はそれほど強い軍隊とはいえないようである。
インド自体も中国の脅威を痛感し、以後その牽制としてソ連への接近をはかっていくのであった。
同時に兵器の国産化にも着手し、
海軍　航空母艦の整備
　　ヴィクラント→ヴィラートの保有、駆逐艦の建造
陸軍　戦車の国産化
　　ビッカース・ビジャンタ戦車の製造
空軍　戦闘機、戦闘爆撃機の国産化
　　HAL・HF24マラートの製造
を実行に移している。
また各種の火砲、小火器の類についても、すべて自前で賄おうとしているようである。
その一方で、インドの技術水準はあまり高いとはいえない現実がある。
兵器の国産化を目指すといっても、なかなか第一級のそれを自力で設計、製造、配備するのは困難であって、たとえできたとしても、コストの面から不利となる場合さえ多々見られた。
この点に関して調べていくと、
・ビジャンタ戦車（主力戦車）

インドの国産ジェット戦闘機HAL・HF24マラート

一七〇〇台量産され、一応成功。しかし、そのあと後継となる車両の開発は中止となり、ソ連製のＴ72一五〇〇台が輸入されている

・ＨＡＬ・ＨＦ24マラート戦闘機
百数十機生産されたものの、部隊に配備されたものはごく少数。そして一〇年以内にすべて引退となり、ソ連製のミグＭｉＧ21、23、29に置きかえられる。加えてイギリスからＢＡｅジャガーを購入

といった具合である。

また航空母艦の自力建造の噂も一時聞こえてきたが、結局、イギリスからヴィラート（元・ハーミス）を買い入れている。

つまり、いってみればインド軍が、国産兵器として開発、配備できたのはわずかにビジャンタ戦車のみで、しかもこれも原設計はイギリスのヴィッカース社である。

一九九九年の前半、インドは核実験を実施し、同時に核兵器の保有を宣言している。

これに対抗し、隣国パキスタンは直ちにその後を追った。

前述のごとく、これまで三度闘い、かつカシミール地方の帰属

をめぐって小さな衝突を繰り返してきた両国が、核保有国になってしまったのである。

これによりアジアだけではなく、世界はもうひとつの危機を抱え込む。

過去の歴史を振りかえってみれば、インドの人々は決して好戦的とは思えず、また近代兵器を大量生産して、それも相手かまわず輸出するような愚はおかしていない。

加えて言えば、〝仮想敵国〟たるパキスタンは、人口、国土、国力、軍事力からいってインドに脅威を与えるような国ではないのである。

かえって常に危機を感じているのは、明らかに非力なパキスタンといえる。

インドとしてはこの点をはっきり認識し、インド亜大陸の緊張緩和に努力すべきなのである。

これが実現しなければ、共に豊かとは言えない両国の未来は、現在と変わらないままであると思うのだが……。

インド人とインド軍のエピソード

その１　インド軍は強いのか弱いのか

すでに述べたとおり、第二次大戦後インドは、比較的大きなものだけをとっても、

○パキスタンと三度

○中国と二度

戦っている。

それぞれの紛争としては、戦死者が数百人から数千人に達する規模である。

そしてその結果は、
○対パキスタン戦争では一応の勝利
○対中国戦争では死傷者数から見て敗北
であった。

このうちもっとも大きな戦いは、一九七一年に九ヵ月にわたって続いた第三次印パ戦争である。

このような状況を見たとき、インド軍が軍隊としてどの程度強いのか、よく判らないというのが実感だろう。

しかしはっきり言ってしまえば、パキスタン軍より強いが、中国軍より弱いとの評価が当たっている。

そしてまたこの国独自の宗教と文化が、これまでのところインドという国家の先進化と軍の近代化を阻んできたように思える。

国民のすべてが、厳然と残る階級（カースト）制度に拘束され続けるといった状況は、欧米型の近代化とは相入れないものであった。

そうなると、陸軍はともかくとしても技術力がなによりもモノを言う海軍、空軍力の増大は望めない。

近年、少しずつ変わりつつあるがインドはやはり陸軍大国であって、それは陸軍一一〇万人、海軍五・五万人、空軍一一万人という兵員数からも如実に示されている。

なかでもインド洋（ベンガル湾、アラビア海）に面する長大な海岸線を持ちながら、規模の小さい海軍が気になる。

これは周辺に強力な海軍を有する国が存在しないことからきているのであろうか……。

また兵器の国産化が幾度となく着手されながら結局、根づかないといった事実もある。戦闘機、戦車、潜水艦が一度ならず生産されたにもかかわらず腰砕けに終わってしまった。

現在インド軍の〝重兵器〟は、

軍用機：ロシア、イギリス、アメリカ

戦闘車両：ロシア、イギリス、国産

艦艇：ロシア、イギリス

と、主として三ヵ国、小火器まで含めると七ヵ国から輸入している。

これではやはり軍隊の真の強さは生まれにくい。

必ずしもすべてを国産化する必要はないが、兵器の種類があまりに多岐にわたると、互換性、共通化などの面から不都合が生ずる。

具体的な例として主力戦車を見てみると、前述のとおり、

○ロシア／旧ソ連製のT54、T72　二一〇〇台

○イギリス／インド製のビジャンタ　一七〇〇台

とほぼ半数ずつになっている。

よく知られているように、工業規格としてロシアはメートル法、イギリスはフィート／ポンド法を採用しているので、ネジ一本にしても別々なものとなる。さらに最近では中国製の

哨戒艇、重火器の導入をはじめたので、このような傾向がますます強まっている。

もともと中国への牽制という意味からも旧ソ連との結び付きを重視していたインドであるから、本来ならすべての兵器をロシア製のものに統一すべきなのかも知れない。

軍隊の強さの尺度はいろいろあって、しかもそれぞれがある面で正しく、ある面で誤っている。

しかし確実な尺度のひとつは、兵器の統一性と考えても良いのではあるまいか。

その２　なぜインドは核の開発と保有に執着するのか

チベット問題に論を発する中国との国境紛争は、五〇年近くにわたり鳴りを潜めている。しかし、アメリカ、ヨーロッパ諸国は、中国によるチベット支配を機会あるごとに糾弾している。

たしかに民族、宗教、言葉、文化など全く異なるチベットを、軍事力を用いて植民地化、属国化してしまった中国のやり方は大いに非難されるべきである。

それを知りながら、一九六〇年代の対中国国境紛争で大きな損害を出したインドは、欧米と違って隣国を刺激しないことに決めてしまった。チベット問題は無視できないが、自国の安全を脅かしてまで介入したくない、と考えているのである。

その一方で、もうひとつの隣国パキスタンとの紛争は現実の問題であり、ここ数年何回となく砲火を交えている。国境が確定しないこと、住民同士の対立、宗教の違いがぶつかりあって、紛争はいつ拡大してもおかしくはない。

ある意味ではアジア最大の戦争が起こり得る可能性がある。

しかも一九九九年、インドは初めて核実験を行ない、核兵器保有への足がかりを見せつけた。それから一年もしないうちにパキスタンもまた同様の実験に成功する。

これにより、両国とも間もなくイスラエルに次ぐ核兵器保有国になることは間違いない。日本はじめ国連、アジア諸国とも著しい懸念を表明したが、もはや後戻りはできなくなってしまったというのが本音であろう。

ところで、なぜインドは核保有へ踏み切ったのであろうか。大きな重荷であった中国の脅威がなくなっているのに、わざわざ膨大な予算を費やして核兵器を開発、保有する必要があったのか。

インドとしてはパキスタンとの対立を第一の理由に掲げているが、これはどう考えてもおかしいと言わざるを得ない。

そのためには別掲の表を見るのが、いちばん判り易い。

インドはパキスタンと比較して人口で四・五倍、GDP（国内総生産）で約一〇倍、総兵力で二・二倍という〝大国〟であって、本格的な戦争となっても負ける可能性はゼロに等しい。

また陸海空軍の兵器の数から言っても大差があり、しかも第一〜第三次印パ戦争の結果を考えても軍事面でなんの心配もないのである。

このような現状を熟知していながら、なぜ核の開発と保有にこだわるのか。

結局、開発途上国、あるいは中進国では、

『自分の国が強大な軍事力、なかでも核戦力を有することで国際的な地位は向上し、さらに発言力も増す』

と確信しているのではあるまいか。

さもないと、国内に多くの問題が山積しているにもかかわらず、核開発に奔走することの意味が理解できない。

今回のインド、パキスタンの状況を知れば、敵対する国々、対立する組織、集団、民族が同じように核保有に走る可能性も出てくる。

とくに経済的に疲弊し切っているロシアからの、戦術核兵器の流出さえあり得るのである。

かつて南アフリカ共和国は、核実験を秘密裡に成功させ、数個の核爆弾も保有したといわれている。しかしその後、同国政府は核の流出、盗難による危険を考えたとき、破棄することの方が国家の安定につながると判断し、それらを葬り去ったのである。

インド、そしてパキスタン政府、なかでも軍人たちは、この事実を学び、核兵器の破棄に踏み切るべきだろう。

核兵器は疑うべくもなく、〝両刃の剣〟なのだから……。

インドとパキスタンの兵力比較

	インド	パキスタン
人口　億人	9.4	2.1
GDP　億ドル	4200	450
総兵力　万人	127	58
陸軍　万人	110	51.5
戦闘車両　台	3800	2000
海軍　万人	5.5	2.0
艦艇　隻	110	54
空軍　万人	11.0	4.5
戦闘用航空機　機	700	290

さらに我が国としては核兵器が万一使用されたときの悲劇について、休むことなく両国にアピールを続けなくてはならない。

それが世界唯一の被爆国の責任なのである。

第9章　日本人と戦争

日本人は戦争に強いのか

これまで大国の人々、あるいは民族を取り上げて、過去の戦争をどのように戦ってきたかを調べてきた。

その一部として我々日本人、日本民族（正確には大和民族）について言及したい。

すでに述べてきたごとく、結論として、

・特に好戦的な民族

・特に戦争に強い、または弱い民族

というものは存在しない

と言えそうである。例えば、

一九世紀中頃のアヘン戦争

二〇世紀中頃の日中戦争

において、決して強くも勇敢でもなかった中国人だが、その後の国共内戦、朝鮮戦争では見違えるほどの戦いぶりを見せている。

この事実ひとつを振り返っても、前述の結論は正しいと思われる。

その反面、イタリアとその軍部は第二次世界大戦、その直前のエチオピア戦争で、あまり褒《ほ》められない状況にあった。

つまり人々が勇敢に闘うかどうかは、その時々の条件によって大きく異なるということである。

自分自身、家族、自分の祖国が存亡の危機にさらされれば、その戦いぶりは勇猛なものとなるのはしごく当然といえよう。

しかしそれでもなお、人によっては無様な、あるいは事無かれの姿勢に終始することも珍しくない。

さて近・現代史に想いを馳せるとき、もっとも頑強に戦ったのは、どこの国の人々だったのであろうか。

一般的にいえば、

太平洋戦争における日本兵
独ソ戦争におけるロシア兵

である。ロシア／ソ連兵は、一九四二年のセバストポリ要塞攻防戦などにおいてまさに死ぬまで戦っている。

このときの戦闘状況については、多くのドイツ戦史が詳細に語っているが、ある陣地では戦死した仲間の死体を土嚢《どのう》がわりに積み重ねてまで、押し寄せるドイツ軍に抵抗した。

当時のソ連は、スターリン首相とその側近らによる完全な独裁国家であった。
また数年前まで反体制派への粛清が続き、決して命を賭して守るべき価値のある国家ではなかったにもかかわらず……。

南方の戦場で敵陣に突撃する日本軍兵士

また太平洋戦争のさいの日本軍兵士も、北のアリューシャン列島から南のビルマ（現ミャンマー）、ニューギニアにおいて、まさに死に物狂いで戦っている。

前述のセバストポリ守備隊の場合、戦いの最終段階においてかなりの部隊が降伏した。

しかしアッツ、硫黄島などでは、日本人たちは降伏など考えず死ぬまで闘い続けたのである。

さらに、爆弾を抱いて航空機ごと敵艦に体当たりするという――きわめて非人道的な――戦術を、組織的に実行したのも日本軍だけといってよい。

これらの状況を知ると、これほど激しく戦い続けた民族は日本人だけかも知れないのである。

したがって、戦後に至ってアメリカを中心とする先進諸国が、我々日本人をある面では驚異の目で、また呆然とした目で見たのも納得できる。

ここではこのような実態の典型的な例を取り上げ、

日本人の精神構造を論じることにしよう。

太平洋戦争中に日本軍はこの広大な海原に点在する島々で、ほとんどすべての兵士が戦死するまで戦い続けた。

現在では死語になりつつある〝玉砕《ぎょくさい》〟という状況も五指に余るのであった。また一〇〇パーセント死ぬことが確実な体当たり攻撃、いわゆる特攻さえ、珍しくなくなっていた。

これまで激しく戦う目的は、大きく言えば戦争の勝利であるが、より具体的には本土防衛の準備のための時間を稼ぎたかったのであろう。

ただしそのような時間は、日本側にのみ有利に働くものではなかった事実を果たしてわかっていたのであろうか。

加えて「玉砕と特攻」がどれだけその目的に寄与したか、今となっては判断のしようがない。

ふたつの守備隊の闘い

ところが、これから紹介する陸上戦闘は、より意味のない戦いだった。それにもかかわらず、日本陸軍のふたつの守備隊は祖国から遠く離れた辺境の地で、全滅するまで闘っている。

中国とビルマ（現ミャンマー）の国境である雲南地方は、どこの国の首都から見てもまさに〝辺境の地〟と呼ぶべきところである。

ともかく、

○中国の首都北京から南西へ二八〇〇キロ
○ベトナムの首都ハノイから北西へ六〇〇キロ
○ビルマの首都ラングーン（現ヤンゴン）から北へ一二〇〇キロ
も離れている。

現在でも中国系、ビルマ系、ラオス系の少数民族が暮らしてはいるものの、まさに繁栄するアジアから取り残された地域であった。

日本陸軍は、ビルマ攻略とアメリカ、イギリスからの中国蔣介石軍への補給路、いわゆる援蔣ルート遮断といったふたつの目的から、この地へ二個の連隊を送り込んだ。

彼らは山また山、大森林を踏破して、拉孟《らもう》、騰越《とうえつ》に陣地を築く。

しかし昭和一九年の夏より、アメリカ式の最新装備を持った中国軍の大部隊の攻撃を受ける。

兵力の差はちょうど一〇倍もあり、さらに後方からの補給には無限に近い差が生じていた。

もちろん、日本陸軍にはこのふたつの部隊に増援を送ったり、あるいは救出する余力はない。

拉孟守備隊は四ヵ月

騰越守備隊は二ヵ月

にわたって敵の包囲のもとに戦い続け、結局全滅する。

その戦いぶりは、攻める側の中国軍の指揮官が感動するほど悲愴かつ激烈なものであった。

彼らは救援を要請することもなく、また脱出の許可を求めるのでもなく、ただただ勇敢に、いや頑迷とも言える姿勢で闘うのである。

唯一、後方の本隊に要求してくるのは、弾薬の補給のみであった。

しかも敵の包囲下に置かれているので、補給は空中投下以外に方法がない。

さらに、たとえ脱出しようにも、山岳、森林を数百キロにわたって徒歩でいくことになる。

このような絶望的な状況にありながら、一致団結して玉砕するまで闘った軍隊は、歴史上でも稀有な存在である。拉孟、騰越の日本陸軍の部隊は、この意味から確かに歴史に残ったといえる。

しかし冷静にこの事実を見ていくと、ここには日本人という民族の、研究に値する一面が残されているように思える。

本来、日本陸軍がアジアの僻地とも言い得る雲南地方に、進出する必要性など皆無に等しかった。

中国軍、そしてアメリカ軍から見ても、ここに日本軍が居ようと居まいと、ほとんど影響を受けず、さらに雲南での戦闘の勝敗の結果など、太平洋戦争の行方に全く関係がないのであった。

この事実は、進出し陣地を築いたふたつの守備隊の将兵にも当然判っていたのではあるまいか。

どう考えようと、この地に駐留する意味も、また命を捨ててまで陣地を守る価値もなかった。

繰り返すが、もっとも近い海まで数百キロという奥地なのである。

さらに守備隊の将兵の立場で考えれば、
・救援の部隊がやってくる可能性
・脱出できる可能性
のいずれもが皆無と知っていた。

したがって、自分たちをこのような不毛の地に送り込んだ上層部の責任を、追及してもよいような気さえする。

そして戦う意味もすでに消滅していたのだから……。

しかし――。

それでも第三三軍第五六師団に属する守備隊は降伏せず全滅するまで戦った。

しかも師団司令部に対し、文句も泣きごとも全く言わないままであった。

はっきり言って、この地方の日本陸軍の作戦の大部分が意味も目的もはっきりせず、そのうえ必ずしも遂行する必要のないものだった。

その典型が雲南へ送られたふたつの部隊であり、本来なら指揮官たちはこの点を強く抗議するべきなのである。

いたずらに兵力を動かし、戦果を挙げることもなく犠牲だけを強要するのであるから……。

東南アジア方面の日本陸軍にはともかくこの傾向が強かった。

それでも指揮下にあった部隊は、黙々と命令に従い、辺境の地で消えていった。

これを勇敢であったと褒めたたえるのは易しいが、もう一歩踏み込んで、この種の精神構造／民族性を検討する必要があるのではないか。

上層部の失策――無能とも言い得る――を糾弾することもなく、数百、数千の人命を無駄に消耗する。この決定を正しいとするのか、あるいは意味のない戦いをせず、早目に降伏といった道を選ぶべきだったのか。

もちろん、第二次世界大戦に限らず、さらにはどの民族に限らず、このような〝捨て石〟的な戦闘は存在している。

しかし、それなりに意味のあった、例えばセバストポリ要塞、硫黄島などの戦闘と比較したとき、拉孟、騰越の戦闘は悲愴のひとことに尽きるというほかはない。

また、この歴史的な戦いは、上層部からのどのような誤った命令にも黙って従うべきかどうか、といった問題も含んでいる。

ともかく、現代史を学べば学ぶほど、

明治から太平洋戦争終了までの日本人

終了後から現代までの日本人

とは、全く別な民族ではないかと思える。

この典型的な例が一九九九年春の日本海におけるいわゆる〝不審船〟事件である。

優秀な装備とそれを扱う人間の問題

我が国の領海に侵入していた北朝鮮の二隻の工作船を、十数隻の海上保安庁の巡視船、海上自衛隊の護衛艦が拿捕《だほ》しようと追跡した。

海保の最新鋭巡視船　ちくぜん　三二〇〇トン

1999年3月、逃走中の不審船「第一大西丸」

海自のイージス艦　みょうこう　七三〇〇トン
まで加わっていながら、みすみす二隻とも取り逃している。
問題はこのさいの海保係官の行動である。

明らかに領海を侵犯し、情報活動を行ない、もしかすると拉致《らち》した民間人を連行している可能性もある工作船を捉えようとするときでさえ、彼らは自分たちの任務遂行に逡巡《しゅんじゅん》の気持を隠し切れなかった。

したがって上層部に対し威嚇射撃の許可を、三度まで求めているのである。海上保安本部は最初の申請に当たって即時に許可を伝えた。

どうしても停船させる必要を感じとり、事前の取り決めに従って発砲を承認したのである。

ところがそれが現場に届いてからも、某巡視船の乗組員たちは射撃を開始しようとせず、またまた二度にわたって確認を求めている。

三度目の承認によりようやく発砲したが、工作船はそれを嘲《あざ》笑うがごとく逃げ切ってしまった。

世界中どこの国でも、領海を侵犯した船に対しては実力をもって停船させ、拿捕する。この権利は国際的にも認められており、議論の余地はない。

唯一、我が国だけが及び腰で、威嚇射撃を行なうにしてもこの有様である。上層部の許可が出ていても、現場の係官がそれをためらう。

これが現在の日本の実情であることを、我々は充分に理解しておく必要があろう。

このままでいけば、いわゆる〝有事〟のさいにも同じ事態が繰り返されるはずである。あらかじめその存在がはっきりしている〝敵〟からの攻撃を受け、被害が出ないかぎり反撃しないものと思われる。

つまり、犠牲が生じてからはじめて、交戦ということになる。

その場合でも、何度となく反撃の許可を求めてくるに違いない。

このような例は不審船以外にもいくつか見られる。

一九八三年に当時のソ連の偵察機が、沖縄の上空を侵犯——それももっとも重要な嘉手納基地の真上を通過——している。このときも政府は口頭で抗議を行なっただけであった。

ソ連は、〝航法の誤り〟を認め、機長の階級をひとつ下げる処分を伝えてきた。

この事件と一九八三年の、大韓航空機〇〇七便撃墜事件との結末の違いを知るとき、国家の安全をそれぞれの国民がどのように考えているかを知る上での好例といえよう。

戦前の強気と戦後の弱気。どこの国の国民、どの民族も、これほど短期間で、これほど変貌した例はない。

〝手の平を返すほど……〟といった表現ではとうてい追い付かず、適当な言葉が見当たらない。

同じ敗戦国であるドイツにおいてさえ、これほど変わることはなかった。

さらに次の例として自国の軍隊の保有に関する問題を挙げるが、新生ドイツは早々と再軍備を決定している。

日本人の有事対応能力は？　対ゲリラ戦訓練中の陸自隊員

たとえ戦争に敗れたことは事実としても、国家は軍隊なしでは存在できないという事実に対しては、国論は一致していたのである。

ところが我が国の場合、憲法で戦力、国家としての交戦権まで完全に放棄してしまった。

この点においては、世界で唯ひとつ、軍隊を持っていないコスタリカと同様である。

同国も日本と同じように警察以外の戦力を有していない。そしてまた憲法を順守して現在に至っている。

一方、その後の日本は「自衛隊は軍隊ではない」といった強引な解釈により、戦力の強化につとめる。

算定基準のとり方にもよるが、自衛隊は防衛関連の予算から言えば世界で六位、戦力の概算では七位あたりに位置する。

これだけの〝軍隊、軍事力〟を維持していながら、憲法ではいっさいの戦力の保有を禁じているという事実！

ある意味でこれほどまでに憲法を軽んじている国家は、他に見当たらないといえそうである。

・明治から太平洋戦争の敗戦までの軍事大国

・翻ってその後に作られたいわゆる〝平和憲法〟

・そしてそれを無視した形の自衛隊とその戦力

・それでいて命令が出ていても、武力の行使をためらう現場の人々

このような実態に目を向けるとき、日本人とは世界でも稀に見る不可解な民族というほかはない。

日本人と日本軍のエピソード

その1　日本の陸戦兵器をめぐる問題

太平洋戦争のさいの日本軍兵器を研究すると、なんとも不思議な事柄が浮かび上がってくる。

それは世界の先進国の軍隊、当時にあって列強七ヵ国（アメリカ、イギリス、フランス、ドイツ、イタリア、ソ連、日本）のそれと比較したさいの威力の問題である。

具体的には、日本海軍が大和型戦艦、空母機動部隊、零式艦上戦闘機などの一流の兵器と戦力を有していたのに対して、日本陸軍がそうではなかったという事実である。

先に掲げた海軍の兵器は、ある意味では列強の中で最良、最強のものであったと言い得る。しかもいったん戦争がはじまると、これらの日本製の兵器は予想どおりの威力を発揮し特筆に値する戦果を挙げる。

△貧弱な兵器で戦った日本陸軍の主力である九七式中戦車
▽現在の陸上自衛隊の主力となっている九〇式戦車

ところが、陸軍を見ていくとマレー半島、シンガポール要塞、フィリピンの攻略といった成功をおさめているものの、兵器自体は列強と比べて貧弱のひとことに尽きた。

火砲、戦闘車両といったいわゆる重兵器はもちろん、機関銃の性能、自動小銃の有無といった面でも、明らかに劣っていた。

日本陸軍が初めて経験した本格的な対外戦争である日露戦争(一九〇四~〇五年)でも状況は似たようなものであったが、唯一、超兵器とも呼ぶことのできる二八センチ榴弾砲の存在が光っている。

これに対し太平洋戦争、それ以前の日中戦争、ノモンハン事件のさい、日本陸軍にこれといった強力な兵器がひとつでもあったのだろうか。

はっきり言ってしまえば、皆無というほかなく、列強の中でもっとも貧弱な装備で闘った陸軍ということができる。

この理由の大部分は、昭和六年以来つづく泥沼、満州事変、日中戦争と考えられるが、それにしても他国を凌駕するような兵器がひとつとしてないのはあまりに寂しい。

それにもかかわらず、陸軍の首脳陣は〝無敵日本陸軍〟と信じ切っていた。

この状況はなんとも理解し難い。

さらに海外の情報を少しでも集めてみれば、自国の兵器の能力がかなり低いことがわかったはずなのに、その改良にも着手しようとしなかった。

ここに昭和初期の日本人、特に陸軍の軍人の精神的貧困が見られるのである。

かえって明治維新前後の指導者たちの方が、列強の兵器と戦力について正確な目を持っていたような気もしている。

情報の氾濫が伝えられるこの時代、我々も今後、常に冷徹な目を持ち続けていかないかぎり、同じ失敗を繰り返す可能性を残しているのである。

その2　短時間で変わり得る日本人

昭和六年（一九三一年）に満州事変が勃発して以来、我が国における軍国主義の波は日増しに高まっていく。新聞はこぞって〝皇軍〟を後押しし、それに引きずられる形で国民もまた軍隊と軍人への支持を深めていった。

この傾向は昭和一〇年頃から頂点に達していて、軍人というだけで尊敬を一身に集め、肩で風を切って歩くようになる。

現実の問題としては軍事費の増大が国家財政を揺るがすまでに至っていたが、それでも国民の意識は全く変わらなかった。

そしてこの状況は太平洋戦争の開戦まで続く。さらにその後の大戦果にすべての人々は酔い痴れたのである。

また同時に日本神国論、アジアの盟主といった言葉が町中にあふれ、それもまた当然と感じる者が多かった。戦争が激化すると共に、これらも少しずつ変化し〝鬼畜米英〟などといったきわめて低俗なスローガンも生まれている。

加えて日常的に使われていた英語の単語さえ無理矢理に日本語化されていく。

自動車のハンドル／転把《てんは》

野球用語のストライク／よし

といった具合である。なかにはよくもここまでと呆れるものも現われた。

陸軍とその支持者たちはこの路線を徹底的に推し進め、漢字を見ただけではなにを意味するか、判らないような言葉まで使うようになる。

もちろん、これと共にアメリカ、イギリスの文化そのものを完全に否定し、少しでもそれを認めようとする人、あるいはその種の組織まで激しく攻撃した。

しかし、そのような状況のなかで、昭和二〇年八月一五日を迎える。

この敗戦によってそれまで十数年続いてきた価値観は一挙に覆るのである。

このあとの日本人の変わり身の速さは、世界の歴史でも特筆すべきものといえた。

これを証明する事柄はいくつも挙げることができるが、ここでは一冊の本をもって語らせることにしたい。

昭和二〇年の一〇月、つまり敗戦から二ヵ月後、粗末な紙の本が焼け野原となった東京の中心に出廻りはじめた。

それは瞬く間に全国を席巻し、日本の出版史上はじめて一〇〇万部を超す大ベストセラーになる。

この本の名は『日米英会話必携』。つまり進駐してきたアメリカ人との会話のための本であった。

事の善し悪しは別にしても、〝鬼畜米英〟のスローガンからわずか数ヵ月で、このような出版物がベストセラーになるという現実には呆然とするほかないのである。

この状況こそ、日本人のある種の資質を明確に示しているとは言えないだろうか。

その3　昭和二八年の武力行使

前述のとおり、一九九九年春の不審船／北朝鮮の情報船事件は、海上保安庁、海上自衛隊のかなりの船艇、艦艇を投入していながら、その捕獲に失敗という結果に終わった。

これを目の当たりにして、

○国家の威信と安全を守れなかった。特に海上保安庁は充分に職責を果たしていない
○一応、不審船に対し充分な警告を与えたから可とする

といった意見が半々であった。さすがに旧社会党、共産党などからもこの行動を「やりすぎ」とする非難は出ていない。

それはともかく、事件から一年後、新聞社（読売新聞）のインタビューに対して、追跡の中心であった巡視船ちくぜんのS船長が驚くべき事実を述べている。

同船は不審船を停船させようと二〇ミリ機関砲を用いて、約五〇発を発射した。これはもちろん本部の了解のもとで行なわれた威嚇《いかく》射撃である。

このさい命中を恐れるばかりに、とてつもなく離れたところを狙って射ったらしい。

なぜなら、発砲を命じたS船長自身が、

「（相手は）威嚇射撃に気付いただろうか、と不安になった」

と述べている。

これはいったいどのような意味なのだろう。

対象となる相手が気付かない威嚇射撃は、言うまでもなく威嚇射撃とは言わない。

はっきり言って射撃を命じる指揮官（この場合は船長）がこの程度の弱腰では、不審船を停止させることなど出来るはずもなく、北朝鮮の工作船二隻は悠々と逃げ切ってしまった。

この船の中には、拉致された日本人が乗せられていたかも知れないのである。

それでは、これと対照的に太平洋戦争終了後、日本の国家組織が武力を行使して任務を果たした例を掲げておこう。

昭和二八年八月、北海道の知来別沖で旧ソ連の漁業監視艇ラズエズノイが領海を侵犯した。同艇の任務は名目こそ漁業監視であったが、実際は我が国に潜入していた工作員の収容である。

この点からも新潟沖の不審船とよく似ている。

海保の巡視船ふじがこれを発見、停船させようとしたが、ロシア艇は必死の逃走をはかった。

ふじは自動小銃による威嚇射撃を行ない（一部は船体に命中、負傷者はなし）、その結果、検挙に成功した。

事件をこれ以上詳細に述べる余裕はないが、敗戦からわずか八年という惨めな時代にあっても、必要な場合には武力を行使しても任務を遂行する男たちが当時の日本には存在したのである。

このラズエズノイ事件では、ソ連政府が正式に日本に陳謝し、以後工作員の潜入は大幅に減少した。

それから四六年の歳月が流れ、海上保安庁の船艇も装備も数段向上している。

しかし職員、乗組員の意識（あえて士気、意欲とは言わない）はそれらと比例していないような気がしているのは、果たして著者だけであろうか。

その4　現代戦の研究をタブーとする防衛研究所

東京の渋谷区目黒に、防衛庁の防衛研究所という施設がある。

その名のとおり、自衛隊のために防衛技術を研究、開発するのが目的であるが、その一方、古今東西の戦史を分析し、将来の戦いの教訓を得ようとする部門もある。

ここでは、この〝戦史部〟に触れてみたいが、その理由は現在の日本人の戦争に関する姿勢を示唆しているからなのであった。

この種の研究は、軍隊を保有しているかぎり、どこの国でも必ず行なわれているといってよい。

もちろん参考になるのは現代戦で、これはある意味で戦争が〝発明の母〟という諺のごとく新しい戦術、新しい兵器が次々と登場するからである。

遠い昔の戦争より、第一次世界大戦
またそれよりも第二次世界大戦
さらに朝鮮、ベトナム、湾岸戦争
が多くの教訓を含んでいるのは誰の目にも明らかであろう。

ところが驚くべきことに、防衛研究所戦史部では、現代戦争、つまり第二次大戦以後の戦争の研究は全く行なわれていない。対象としてはもっぱら日清、日露、そして太平洋戦争に限られている。

その理由を尋ねると、

○現代戦の史・資料が系統的に集められておらず、充分な研究が出来ない
○個々の現代戦の分析は実戦部隊で行なっている
という答えが返ってくる。
しかし、これはあくまで表面的な理由であって、研究員の本音としては、
○現代戦を研究していることがわかると、いろいろ差し障りが出る
ということなのである。
まさに奥歯にものの挟まった言い分だが、はっきり言ってしまえば、
㈠、いわゆる左側の人々を刺激したくない
㈡、現代戦を研究すると、同盟国であるアメリカ軍の失敗にも触れなくてはならない。これはなんとも具合が悪い
の二点の理由なのではあるまいか。
いずれも呆然とするばかりで、著者もこの事実を知るまで信じられなかった。
これだけあらゆる面で進歩の速い現代において、半世紀以上も前の戦争しか学ぼうとしないとは……。事勿《なか》れ主義ここに極まれり。
しかもそれが戦史を専門に研究する我が国唯一の公的機関なのである。
またこれまでこの機関に所属した多くの研究員（専門職とそれぞれの部隊から派遣されてきた自衛隊員）が、この状況に疑問を持たなかった、あるいは持ってはいたが変えようとしなかったという事実も指摘しておきたい。

さて結論としては、日本という国家と国民にとって太平洋戦争の敗北の衝撃はあまりに大きく、すべての人々が軍事、軍隊、防衛などといった事柄について『完全に萎縮してしまった』ことであろう。

一般の人々はもちろん、有事のさい戦うことを職業として選んだ自衛隊員でさえ、この呪縛から逃がれられないまま五〇年をすごしてきた。

これらの事実を重ね合わせると、

二四・六万人の兵員

一五〇〇機を超える軍用機

合計四〇万トンの艦艇

二〇〇〇台の装甲戦闘車両

を保有する自衛隊も、その新鋭装備と裏腹に実戦のさいの戦闘力はかなり低いのではないかと思ってしまうのである。

〝戦闘力が低い〟という評価が当たっていないとすれば、多分に皮肉を交えて〝世界でもっとも平和的な軍隊〟と言いかえてもよい。

これが太平洋戦争を戦い抜いた日本とその軍隊の、五〇年後の姿なのである。

それとも現在のところ、もっとも戦うことを嫌う民族は日本人ということなのであろうか。

第Ⅱ部

第10章　朝鮮・韓国人と戦争

微妙な呼び名

ご承知のごとく、もっとも近い隣国である朝鮮半島のふたつの国、北朝鮮と韓国は、一九五〇年六月からちょうど一〇〇〇日にわたり激しく戦った。双方合わせた死傷者の数は民間人を含めると、四〇〇万人にのぼるという大戦争であった。しかも、その戦争が終わったあとも、両国の政治体制と相互対立の形は全く変わっていない。

このような状況は、世界の現代史のなかでもかなり珍しいのではないか。ここでは全く同じ民族ながら、南北二つに分かれて暮らさざるを得なくなった朝鮮／韓国の人々を取り上げる。

まず最初に気になるのはその呼び方であり、これはともかく微妙な問題で頭が痛い。

北朝鮮／朝鮮民主主義人民共和国、韓国／大韓民国は、それぞれ相手の国を公式には、南朝鮮／北韓（北韓国）と呼んでいる。

さらに日本人としては、ふたつの国とそこに住む人々を正確に区別して呼ばなくてはならない。

共に朝鮮半島に生まれ育ち、住んでいるのだから〝朝鮮人〟でよいと思うのだが……。

もっとも韓国人はこの半島を韓半島と呼んでいるのである。

しかしながら著者の友人の二人は、北の人、南の人（共に在日）なのだが、若いだけに、「朝鮮人にかわりないのだから、そう呼ばれてもいっこうに気にしない」と日頃から言っている。

そうは言っても南北の対立が、わずかながら戦争の危機をはらんでいることも事実である。

この前提のもとに、ふたつの国の『兵器と人間と戦争』をみていくことにしよう。

南北の兵器の差

㈠、北朝鮮

短、中距離ミサイルを中東に輸出しており、その価格の安さによって一応の市場を獲得している。

さらにＡＫ47、74などの自動式の小火器についても同様である。

ただし大型兵器（戦闘用航空機、艦艇、戦闘車両など）に関しては、技術力不足により輸出はおろか国産化にも成功していない。

北朝鮮の軍事パレード。写真は37ミリ自走対空機関砲

これは個人的な推測にすぎないが、大出力のディーゼルおよびガスタービンエンジンは全く造り得ないものと思われる。

また他国の製品のコピーも難しく、せいぜいノックダウン（部品を輸入しての組み立て）のみ可能といったところだろう。

前述の大型兵器のいずれをとっても、心臓となるエンジンが国産化できないかぎり、オリジナル設計、自主開発は不可能である。

さらに小型潜水艦を除いて、他の兵器の質は欧米先進国、日本、韓国と比べても大幅に劣る。

(二)、韓国

近年、この国の兵器産業の進展はいちじるしい。

F16ファイティング・ファルコン戦闘機

八八式戦車、KICV歩兵戦闘車

ウルサン級コルベット

など、最新兵器が目白押しである。

もちろんすべてが自主開発、生産というものではないが、その技術力は確実に上昇している。

アメリカによる〝歯止め〟が取り払われれば、戦術ミサイルの国産化も短時間のうちに可能になると思われる。

また、拡大を続ける自動車産業、造船業が技術基盤を常に押し上げているのであった。

ごく最近の戦争、例えば一九九一年の湾岸戦争、あるいは一九九九年のNATO軍によるユーゴスラビア爆撃などを見ていると、戦闘の行方を決めるものは兵器そのものよりも周辺機器に移ってきている。

航空機、ミサイル自体よりも、レーダー、コンピュータ、後方支援システムの性能が、間違いなく決定的な勝利を約束している。

前者の場合、イラク軍と多国籍軍の死傷者数の比率は実に一〇〇対一であった。

さらに後者ではユーゴ軍の五〇〇〇名に対して、NATO軍のそれはなんとゼロなのである。

目に見えない電子とその流れが、これほどの差を生みだし、戦場を支配する。

北朝鮮のもっとも遅れている分野がまさにこれであって、少なくとも航空戦、海上戦となれば、南北の戦力の差は一〇〇対一にも広がってしまうはずである。

したがって北は、次に述べる人的な面で自国を有利に導こうとしている。

人的な要素

いかに優秀な兵器を多数揃えたところで、それが必ずしも軍隊の戦力向上と結びつかない状況は、第二次世界大戦におけるイタリア海軍、フランス陸軍が証明している。

この面から両国を見ていくと、どのような推測が浮かび上がってくるのであろうか。

軍隊の強さは、結局のところ実戦の様相によってのみ計られる。
そして、勝敗そのものは、必ずしも重要ではない。

㈠、北朝鮮

射殺された北朝鮮潜水艦乗組員を調べる韓国軍兵士

北の経験した朝鮮戦争以後の戦争には、どのようなものがあったのだろうか。

いわゆる〝戦争〟と呼ぶほどの規模ではないが、次のふたつの戦いがある種の尺度となる。

その最初の例が一九六八年一月に発生した「青瓦台《せいがだい》事件」である。

これは三〇名からなる北の特殊部隊がなんと南の首都ソウルにまで侵入し、当時の朴大統領の暗殺をはかろうとしたことに、端を発している。

大統領官邸のある青瓦台の近くにまで接近し、行動を起こそうとした直前になって、彼らは韓国の警察官によって発見された。

青瓦台といえば、東京の内幸町にあたる地域であり、ここで北特殊部隊と警察、軍による銃撃戦がはじまる。

北の兵士たちはＡＫ47、手榴弾、携行爆薬を駆使して抵抗、きわめて激しい戦闘がソウル市内で行なわれた。

警察だけでは手におえず、ついには三万人以上の軍隊が投入され、鎮圧に当たる。その結果、特殊部隊は二八名が戦死、一名が逃亡、一名が捕虜となった。

他方韓国側の損害はより大きく、巻き添えの市民を含めて七八名が死傷している。このようにその戦い振りは凄まじく、敵地のど真ん中にあってもほとんどの兵士は死ぬまで戦ったのである。

次の事件は一九九七年九月に起きた同じく北からのゲリラ兵士侵入事件で、こちらの方はまだ我々の記憶に新しい。潜水艦を使って韓国の三陵付近に上陸し、その後韓国軍とのあいだで、凄惨な戦いが繰広げられた。

北の兵士は、包囲されても容易に降伏せず、死ぬまで戦う道を選んだ。それに先立って、足手まといの仲間を射殺するほどの戦闘意欲を持っていたのである。もちろん、どちらの場合も味方の軍隊が救援に、また収容に来るような気配は全くなく、ただただ、彼らは祖国のために死ぬことだけを望んでいるように見えた。

この意味からは、第二次世界大戦における旧日本陸軍とかなりの程度似ている。このように絶対的に不利な状況に陥っても、最後の最後まで戦う北の兵士たちの強靭な精神をどのように評価すべきであろうか。

これはやはり本当に強いという以外に言いようもなく、北朝鮮軍の戦力の中核は〝人そのもの〟といえる。

さらにこの事件のさい、陸上においてほとんど戦闘力をもたない潜水艦の乗組員たちは、友軍の兵士たちによって射殺されている。

これが自殺であった可能性も捨てきれないが、あまりに悲惨というほかない。

今の世界を見渡しても、これだけ強固な戦闘意欲を有する軍隊は他に見当たらないというのが、正直な感想である。

㈡、韓国

韓国の兵士の戦いぶりを調べようとするとき、もっともそれが明確に表われているのは一九六六年から六年間にわたった、ベトナム戦争への介入であろう。

すでに崩壊の兆しが見え隠れしていた南ベトナムを支援するため、韓国は延べ三八万人、一時的に五万人の地上部隊（歩兵二コ師団、海兵一コ旅団）を派遣した。

そして民族解放戦線、北ベトナム軍を相手に死闘を繰り返し、大きな戦果を記録している。

しかしその代償として、五〇〇〇人の戦死者と一・二万人を超す負傷者を出しているのであった。

この介入が正しかったかどうかは疑問の残るところだが、韓国軍の戦闘力は、士気の落ちはじめたアメリカ陸軍を大きく上まわるものと評価された。

当時のアメリカ軍は、本国で反戦デモが拡大していたこともあって、徐々に戦闘意欲を失いつつあった。

さすがに戦線から離脱するような者は少なかったが、積極的に地上戦闘を挑もうとはせず、もっぱら火力、空軍力に頼り切っていた。

例えば、はるか彼方の森の中から数発の銃弾が飛んできたとする。

このあと、アメリカ陸軍の兵士たちは敵の兵力、正確な所在を確かめようとしないまま、砲兵には砲撃を、空軍には爆撃を要請するのであった。

相手が解放戦線にしろ、北ベトナム軍にしろ、真っ向から接近戦に持ち込み、これらを撃滅させる気などなくなっていたのである。

一方、南ベトナムにおける韓国軍は、それとは全く別な戦いぶりであった。

火力、空軍力に頼らず、肉眼で敵を確認しないかぎり発砲しない。

また森林の中の接近戦を恐れず、相手と同じ方法で闘う。

兵士たちには、はじめからこの戦術を徹底的に教え込む。

同時にこの戦争に参加する意図を、認識させる。

これらの諸条件が、同軍に大きな戦闘力を与え、南ベトナム軍、アメリカ軍、オーストラリア軍、タイ軍などよりもはるかに強力な派遣軍として名を馳せることになる。

なかでも最大時約一・二万人を注ぎ込みながら、ほとんどなにもしなかったタイ国軍とはあまりに対照的といえた。

アメリカ軍の中で最強を誇る海兵隊でさえ、韓国軍には一目置いていたと伝えられている。

朝鮮戦争終了（一九五三年七月）から数十年の対立の間に、南北双方の軍隊は世界でもっとも強い兵士を育てることに成功した。

しかし、間違いなく時代は移り、人は変わる。

北朝鮮軍も韓国軍も否応なく、その影響を受けざるを得ない。

北の軍人の中にも、南の発展の状況を知り、鉄の規律を誇る自国の政策に疑問を持つ者がでてきつつある。

その数は今でこそ少ないが、今後は間違いなく増えていくことだろう。

他方、韓国も経済の発展に伴い、若者の〝軍隊離れ〟が急速に進んでいる。

自由で豊かな生活を一度でも経験してしまうと、その全く反対に位置する軍隊勤務は当然敬遠される。

このままの状況が続けば、疑いもなく両国の広義の戦力は低下せざるを得ない。

それはそれで、半島の平和に近づくことでもあるのだが……。

しかしそれでも、北朝鮮軍、韓国軍が共に世界最強の軍隊である事実は、今のところ否定できない。

したがって、このふたつの国と軍隊が衝突することがないよう願わずにはいられないのであった。

第11章　台湾人と戦争

中国と台湾

東西冷戦が終わりを告げてから、一〇年近い歳月が流れ去ろうとしている現在、たしかに世界では大規模な戦争勃発の恐れが薄れつつある。

アフリカ、中東、アジアなどの民族紛争を別にすれば、ある程度の大きさを持つ戦争の可能性は地域、国からいって、

・アメリカ対イラク
・南北朝鮮の間
・そして中国（中華人民共和国）と台湾（中華民国）

の三つではあるまいか。

この中で現実として戦争になったとき、もっとも大きな影響を世界に与えるのが、中国と台湾の戦いであろう。

国の規模から言えば人口一二億の中国、一八〇〇万人の台湾が戦うのであるから、最終的

な勝利がどちらの側に転がり込むのか言うまでもない。

総兵力を数えれば、六〇〇万人対五〇万人と一〇倍以上の差がある。

この戦力を背景に中国政府はたびたび台湾の併合を口にし、時によっては武力の行使さえ否定していない。

また台湾がその安定した経済力を頼りに〝独立〟をほのめかせば、すぐにでも侵攻するといった姿勢をとり続けている。

一方の台湾は、それがある種のブラフ（はったり）とは思いつつ、決して警戒を緩めていないのである。

それでは、さっそく準戦時体制をとっている中華民国の軍隊と、そこで開発された兵器をみていくことにしよう。

よく知られているように、太平洋戦争が終わると時をおかずして、新しい戦争が中国本土ではじまった。

蔣介石率いる国民政府軍（国府軍／右派）と共産党の軍隊、共産軍／紅軍／中共軍との闘いである。

当時、わが国が敗戦後の混乱期にあったこともあり、この戦争「国共内戦」の詳細は不明のままとなっている。

わずかに「遼瀋《りょうしん》、淮海《わいかい》、平津《へいしん》」のいわゆる三大会戦によって国府軍が大打撃を受け、その結果、台湾本島に脱出し、中華民国を作ったという事実が知られているだけである。

国共内戦のさい、豊富な兵力、近代的な兵器を持っていたのは明らかに国府軍であったが、遊撃戦を得意とする共産軍によって大敗北をきっした。
ともかく約五〇万人が本土から台湾に逃れ、新しい国を生み出さざるを得なかったのである。

この状況を知るとき、いわゆる右派の軍隊は、左派のそれよりずっと弱かったと思うほかない。

台湾の中華民国軍による上陸演習

金門島の戦い

ところが、いったん本土から追い立てられたのち、国民党の人々とその軍隊は思わぬ粘りを見せる。それが一九四九年一〇月二五日から二八日まで続いた、金門島古寧頭の戦いであった。

独立記念の祝典に間に合わせるべく、中共軍は台湾海峡の中国沿岸に位置する金門島に二コ師団、一万七〇〇〇人を強引に上陸させる。

この島を国府軍の手から奪い取り、国共内戦の勝利を完全なものにするという計画であった。

二コ師団の兵士はジャンク、機帆船などを使い、アジアの軍隊による史上最大の敵前上陸作戦を開始した。

それ以前の戦いの経過から考えれば、金門島の占領などきわめて容易と考えていたのであろう。

ところが、三万五〇〇〇人の国府軍（第一八軍団）は死に物狂いの抵抗を見せ、古寧頭の砂浜を血に染めて闘ったのである。

戦端が開かれてから三日後、上陸してきた共産軍は壊滅的な打撃を受ける。戦死者八〇〇〇人、捕虜七〇〇〇人で、なんとか撤退できた者は二〇〇〇人にすぎなかった。

他方、国府軍も少将（第七師団長李光前）の戦死をはじめ五八〇〇人の死傷者を出している。

それでもなお、中国本土での敗北の一部を帳消しにし、間接的に台湾を守ることができたのであった。

この戦いのあと、それまで負け続けていた国民政府軍もかなり自信を回復したように見える。

当然、中国側の再上陸に備えて金門島の防御を固め、兵士の訓練に力を注いできた。

その後、何回かの小競り合いが生じ、とくに規模こそ小さいものの激しい海戦がたびたび起こっている。

しかし、両軍とも艦隊の全力を投入するといった形ではなく、それも時間とともにおさまっていく。

この間、中国では文化大革命、ソ連との国境紛争、中越（中国／ベトナム）戦争と次々と大事件が起こり、一時的ながら台湾との軋轢《あつれき》が薄れていったのであった。

ところで国共内戦で脆くも敗北をきっした国府軍が、その後のいくつかの戦闘においては見違えるほどの戦いぶりを見せたが、この短期間の変化の理由はどこに求めるべきであろうか。

それはやはり、自分たちの存在が完全に否定されることへの反発、と見るのが正しい。

本土からようやく台湾に逃れたものの、次にその地も危うくなる。もし、ここが占領されることになったら、世界中を見渡しても行き場所、落ちつくところがないのである。

したがっていかなる犠牲を払おうとも、どこかで踏みとどまらなくてはならない、という思いが彼らを変身させたのではあるまいか。

金門島の戦いのあと、国民政府軍は自信を持ち、それが中華民国の安定へと繋がっていく。

国産兵器

それから半世紀もの歳月がすぎ、多くの矛盾をかかえながらも台湾は経済的に成長し、一時は世界第一位の外貨準備高を誇るまでになった。

ところが、この頃から再び中国の干渉が始まった。

あまりに豊かな隣人に嫉妬したのか、それとも巨大化の歪み、あるいはあまりに多く存在する国内の矛盾から国民の目を外へ逸《そ》らそうと画策したのか、それはわからない。

しかし中国政府は台湾に対し、その独立を決して認めないと通告するとともに、それを阻止するためには武力の行使も辞さないとの態度を露骨に見せつけるのである。

こうなっては台湾側としては、軍備を増強せざるを得ない。

台湾の国産ジェット戦闘機AIDC「経国」

国民皆兵、兵器の数を揃えるのは当然で、これに加えて台湾政府はふたつの道を同時に選択する。

そのひとつは、兵器の国産化であり、他のひとつはそれらの輸入の増大であった。

それではまず国産の兵器から見ていくことにしよう。最初に取り上げなくてはならないものは、なんといっても二種のジェット機であろう。

㈠、航空工業発展中心（ＡＩＤＣ）ＡＴ３〝自強〟練習／軽攻撃機

一九八〇年九月に初飛行に成功した台湾初のジェット機。本来は練習機であるが六〇機造られたうちの二〇機は、対地攻撃が可能な仕様となっている。

㈡、ＡＩＤＣ〝経国〟戦闘機

一時アメリカがＦ16戦闘機の輸出を禁止したため、自国で開発した双発ジェット戦闘機。

初期こそ故障が多発したが、現在では一三〇機が揃い、台湾空軍の中心的な戦力に成長している。アメリカのメーカーの援助はあったものの、この経国の成功は、同国の航空技術の高さを世界に示したものと言い得る。

経国が登場するまで国府空軍の主力戦闘機は、ロッキードＦ104スターファイターとノース

ロップF5フリーダムファイターの二種類であった。

しかしいってみれば、前者はあまりに旧式、そして後者はいわゆる軽戦闘機で、空軍の主力としては力不足の感は否めない。

そのため新たな経国戦闘機の配備は、空軍のみならず国民からも歓迎された。

輸入兵器

ところが、ここから少々おかしな事態となる。国産のジェット戦闘機の開発に成功したのちしばらくすると、ふたつの国から全く別の戦闘機を購入することが決まった。アメリカからロッキード・マーチンF16ファイティング・ファルコン
フランスからダッソー・ミラージュ2000
どちらもこれまでのところ六〇機が輸入されるらしいが、主力戦闘機三種が台湾、アメリカ、フランスとそれぞれ規格のちがった国で作られたとなると、どうしても首を傾げたくなる。
またこの問題は戦闘機ばかりではなく、水上戦闘艦についても同様であった。
台湾海軍は、これまでアメリカから供与された第二次大戦型の駆逐艦を改造（近代化）して使っていた。
さすがにこれがあまりに旧式化してしまい、新しい軍艦の購入を決定する。
ここでもフランスとの契約が結ばれ、実戦力としては全く不明のフランス製軍艦が姿を見せるのである。

フランスから購入したラファイエット級

現在のところ、
アメリカからオリバー・ハザード・ペリー級
フランスからラファイエット級
の二種のフリゲイトが輸入されている。

それでは他の主力兵器である戦車に関しては、どうなっているのであろうか。

台湾陸軍はアメリカから中古品であるM48、M60戦車を多数購入してきた。

そしてそれを独自に改造し、現在ではM48H、M60Hとして使っている。

最近、より新型のM1A1エイブラムズの導入が決まった。

ここではフランス製の主力戦車は姿を見せていない。

考えてみれば、もし中国との戦争となった場合、戦場は疑いもなく台湾海峡の海上と空である。

いったん台湾本土に上陸を許してしまえば、国府軍に勝ち目はない。そうであれば軍事費の大部分は当然海軍、空軍に向けられるべきで、陸上戦力が後まわしにされるのは仕方のないことかもしれない。

現在、台湾はイスラエルの協力により、兵器の技術向上に取りかかっている。

面白いことに〝仮想敵国〟と考えている中国もまたイスラエルと手を結び、レーダー、ミサイルをはじめとする兵器を開発しつつある。

このように見ていくと、声明の内容とは裏腹に、中国が台湾を攻撃する恐れはそれほど大きくなさそうである。

とにかくどちらも、アメリカ、イスラエル、フランスの技術に頼っているところが少なくないのだから……。

たしかにここ二〇年ほど、台湾の軍事的実力は大いに拡大し、人的な資質、兵器の性能をみても、その戦力は侮り難い。数で押していくような戦術をとったとしても、中国が台湾を攻撃しようと考えた場合、そう簡単に事が進むとはとうてい思えないのである。

いつの間にか中華民国は順調な経済発展を背景に、アジアの大国に育っているのかもしれない。

第12章　タイ人と戦争

非植民地国家

一八、一九世紀は言ってみれば、欧州列強によるアジア植民地化の時代であった。

一万キロ近くも離れていながら、ヨーロッパのイギリス、フランス、オランダ、ドイツ、ポルトガルなどはアジアに続々とやってきて次々と植民地を造り、領土を獲得していく。

その勢いはとどまるところを知らず、

・イギリス／インド、マレー、香港
・フランス／インドシナ（ベトナム）
・オランダ／インドネシア
・ポルトガル／マカオ
・ドイツ／青島《チンタオ》

など、まさに切り取り放題といった状態で、思うままに振る舞っていた。

なぜこれほどの暴挙にアジアの民族が無抵抗だったのか、現在の時点で振りかえると信じられない。

いったん植民地化されれば、その国の人々は宗主国への奉仕を否応なく強制される。場合によっては、インドのように自分たちとは全く関係のないイギリスの戦争にまで狩り出され、多数の戦死者を出すのである。

このような状況の中で、唯ふたつだけ欧米の植民地にならなかった国があった。ひとつは我々の日本、もうひとつは東南アジアのもっとも西に位置するタイである。

我が国のことはさておき、どうしてタイ国が植民地化を免れ得たのであろうか。大きな理由としては、

㈠、確立された立憲君主国であり、国王と王制の存在が大きかったこと

㈡、タイの植民地化を目指していたふたつの大国、イギリスとフランスが互いに牽制し合い、その狭間で独立を維持できたこと

などであった。

ともかく広大なアジアで、一度として他国の支配下に置かれたことのないのは、わずかに二ヵ国だけであるから、欧州列強の勢力の強大さが如実にわかろう。

さてここで取り上げるのは、このタイ国である。

この国の正式な国名は『タイ王国』で、面積は五一・三万平方キロ（日本の一・四倍）、人口は六〇〇〇万人（一九九六年）となっている。

七、八〇年代には順調な発展を遂げアジアの優等生であったが、近年に至って経済の荒波が襲い、不況に喘いでいる。

ところで日清、日露以来、多くの戦争を経験した日本と比べて、タイの場合はどうなっているのか、まずこれを見ていきたい。

この国は第二次大戦以前から今日に至るまで、これといった大戦争を一度として戦わずに過ごしてきている。

しかし、だからといって、戦争そのものを全く経験しなかったわけではない。

タイの戦争／紛争は、

㈠、第二次世界大戦
㈡、朝鮮戦争
㈢、ベトナム戦争
㈣、小規模な国境紛争
㈤、多くの軍事クーデター

の五つに及んでいる。

このうちの四、五を除いた、対外戦争に限って話をすすめていきたい。

また同時に、この国の軍隊の実戦能力をかぎられたスペースながら論じることにする。

なぜならこれまで戦争／紛争という面から、タイ国に言及した記事はきわめて少ないからである。

第二次世界大戦／太平洋戦争

タイは一九四二年（昭和一七年）一月、枢軸側に立ってアメリカ、イギリスに宣戦を布告した。正確には日本との間に〝攻守同盟〟を結んだのである。

といって、すぐ近くのインドに駐在するイギリス軍を攻撃するわけでもなく、さらに積極的に日本に協力することもなかった。

陸海軍とも人口の割には貧弱であって、また戦意も高いとは言い難かった。

イギリス、アメリカはこれを充分承知していたらしく、タイ国およびその軍隊に手を出さずにいた。

まさに馴れ合いの状態であって、この点では平和的といおうか、小利口といおうか迷ってしまう。

そのくせ、日本からはかなりの軍事援助をせしめていた。

そして日本の敗色が濃くなると、自由タイという組織が登場し、早々と米国と和平する。

唯一戦闘らしい戦闘といえば、フランス海軍との小海戦があっただけと考えてよい。

その結果は、大型の軍艦を揃えたフランス側の圧勝であり、タイ海軍は近代兵器を用いた最初の海上戦闘に勝利を得ることができないままに終わっている。

この後しばらくして、アジアで再び大規模な戦争が勃発した。

朝鮮戦争

この戦争でタイは初めて大量の海外派兵を実施し、その延べ兵員数は一万九〇〇〇名にのぼっている。

いっときの戦力としては、四〇〇〇名からなる増強一コ歩兵連隊であり、二年半にわたって国連軍の一翼を担い朝鮮半島で戦った。

ただ、同じアジアから来ていた軍隊、たとえばトルコ軍などとちがって激戦を経験せずに終わっている。

これはその戦死者数からも明白で、タイ国軍の人的損失は三年間を通して戦死者だけではなく事故死者を含んでも一二五名と少なかった。

他方、一・五倍（約六〇〇〇名）の兵力を有していたトルコ軍のそれは約九〇〇名なのである。

まずこのトルコ軍とタイ軍との損害の比率を、読者は頭に残しておいていただきたい。

そしてこの戦争は一九五三年七月に終わるが、それから一〇年もたたないうちに、タイが本格的に巻き込まれる可能性のある大戦争が間近に勃発する。

ベトナム戦争

タイ国が戦った最大の戦争は、一九六一年から七五年まで続いた戦後最大の地域紛争ともいえるベトナム戦争であった。

カンボジアを隔てているとはいえ、すぐ隣国の戦争であるから、当然傍観していることは許されない。

タイは一九六四年末からアメリカの派遣要請に応じ、最盛期にはなんと一万一六〇〇名の兵士を次のような編成でベトナムへ送り込んだ。
・一コ歩兵師団〝黒豹〟

・一コ歩兵旅団〝女王のコブラ〟（毒蛇）

〝黒豹〟は三コ歩兵連隊、〝女王のコブラ〟は四コ歩兵大隊からなる強力なもので、これらを三八機の航空部隊が支援する。兵員数から言えば、オーストラリア軍、フィリピン軍、ニュージーランド軍をはるかに凌ぐものであった。

ところが、ベトナムにおけるタイ国軍の戦闘ぶりについては、記すべきものは皆無に近い。戦闘と言えるのは、わずかに一九六九年一一月の「ベン・カムの戦い」だけなのである。この一〇日間の戦闘で、タイ国軍は敵（南ベトナム民族解放戦線）の兵士一四名を戦死させるという戦果を記録している。

しかしそれ以外の戦闘は、ほとんど行なわれなかった。

タイ軍は一九七〇年までベトナムに派兵していたから、その駐留期間は延べ六年、総兵員数では五万名近くになる。

しかし、極言すればただ駐留しているだけでよしと考えていたようであって、人的損失も死傷者三〇〇名（一年当たり五〇名）にすぎなかった。

これに対して約四〇〇〇名を派兵したオーストラリアは、二八九〇名に達する死傷者を出している。

駐留期間などが多少異なってるので、正確な比較とは言えないが、死傷者の数値から見るかぎり、オーストラリア軍はタイ軍の三〇倍も激しく戦っていることがわかろう。

酷な言い方をすれば、黒豹とか女王のコブラもその勇ましい名前に値する活躍はしなかったのである。

そうであれば、アメリカの要請を断わり、最初から派兵せずに済ませるのが得策だったと言えないだろうか。

経済危機が軍を直撃

このように見ると、青年のほとんど全部が一度は僧侶を経験するという、平和国家タイの軍隊の戦闘能力は――著者だけの思い込みかも知れないが――かなり低いと言わざるを得ない。

三度ほど訪れた現地で出会うタイ軍の兵士はしゃれた軍服に身を包み、なかでも将校は定番のようにアメリカ製のサングラスをかけ、服装に気を配っている。この点からはフィリピン軍と非常によく似ているのである。

第二次大戦のドイツ軍は例外として、あまりに服装、スタイルに気を使う軍人の多い軍隊の戦闘力は低い、というのが著者の持論である。

まあ本格的な戦争を一度として体験していないから、それだけの余裕を持ち続けられるのであろうが……。

兵員数、兵器の数が同じなら、世界最強と思われるふたつの小国の軍隊（ベトナムとイスラエル）と軍人。

その彼らは全く華美《かび》な軍服を着用することはなく、ベトナムの兵士など時にはサンダル履きで戦っている。

もちろん貧しいという理由もあろうが、サングラスなどとは無縁なのである。

他方、全く別な見方もできる。朝鮮、ベトナム戦争でなんとなくさえなかったタイ軍だが、それにはそれだけの理由もあった。

前者は同じアジアといってもあまりに遠い国の戦争であり、さらに後者でさえカンボジアという緩衝国が存在し、直接戦火が及んできたわけではない。

したがって自国の危機とは呼べるわけではなく、あくまで第三者的な参戦であった。

いずれの国も、いったん自分の国の安全が脅かされれば、国民は当然武器を持って立ち上がる。

そしてこのような形の戦争となれば、粘り強く闘うことは歴史が証明してる。

これまで真剣に戦うことのなかったタイの軍隊も、もちろん例外ではなく善戦するに違いない。

一九九〇年代の中頃、経済面の成長が続き、この国も軍事力の拡大に乗り出した。

カンボジアとの国境紛争が頻発し、少数ながら死傷者が出ており、さらにミャンマー（旧ビルマ）の少数民族武装組織との戦闘もあり、軍備を強化したいと考えたのであろう。

しかも経済的な裏付けを得て、それは思いも寄らず、初期の計画を大きく上まわることになった。

その最大の例が、かつての日本そしてインドをのぞくアジア初の空母の購入である。

VTOL戦闘攻撃機ハリアーのスペイン版とも言えるマタドール九機を運用できる軽空母チャクリ・ナルエベが、スペインの造船所から到着したのは一九九六年のことであった。しかしその直後から好調だった経済にかげりが見えはじめ、それは間もなく凄まじい勢いで下落していく。

△タイ海軍のスペイン製軽空母チャクリ・ナルエベ
▽チャクリ・ナルエベ搭載のEAV8Aマタドール

こうなると、軍備拡大計画がすべての面で裏目に出る。

ナルエベをはじめとしてアメリカから買い入れたA—7コルセア攻撃機、マタドール機もほとんど動けなくなってしまった。

しかもそれだけではなく維持すること自体も難しい。

東南アジアの大国を目指したタイそのものが失速したのである。

けれども物事には必ず良い面と悪い面がある。この経済的な危機はたしかに危機ではあるものの、敵軍が自国に侵入してきたといったものではない。

これを機にタイとその軍隊は、地に足をつけて国力の充実をはかるべきなのである。地理的に見て、あまり使い道のない空母やＶＴＯＬ戦闘機に血道をあげるよりも、陸軍を中心に個々の兵士の訓練を強化し――より端的に言ってしまえばベトナム人民軍的な方向を目指す。

東南アジアの地形を考えれば、近代兵器を駆使するアメリカ軍のような軍隊は不要なのである。

こう割り切れば、タイ軍は数年のうちにかなり精強な、陸軍中心の軍隊に生まれ変われるのではないだろうか。

第13章　ベトナム人と戦争

第二次大戦後、もっとも永いあいだ戦い続けてきた国と民族、そしてその軍隊を挙げるとすれば、

・中東のイスラエル
・アジアのベトナム

ではあるまいか。

現代史を繙《ひもと》けば、ベトナム（南、北、統一ベトナム）という国は、

インドシナ戦争　一九四五年八月～五四年七月
ベトナム戦争　一九六一年一月～七五年四月
カンボジア戦争　一九七八年一二月～八九年一一月
中越戦争　一九七九年二月～三月

と、大きなものだけを数えても、このように休む間もなく、戦ってきたことがわかる。

このうち、中越（中国／ベトナム）戦争を除いた三つは、いずれも大戦争と呼ぶべきものであり、死傷者は一〇万人〜二〇〇万人にものぼった。

またそれぞれの期間を加えれば、第二次大戦終結の翌月から一九八九年末まで、実に四五年の間、戦争に明け暮れたことになり、戦った相手としてもフランス、アメリカ、カンボジア（一部）、そして中国の四ヵ国となる。

これだけ永く苦しい戦争に耐え、なんとか国の独立を果たし、その後、国家を運営してきたベトナムとベトナム人には、ともかく敬服の念を抱かざるを得ない。

その反面、民族の自決権を勝ちとったインドシナ戦争、ベトナム戦争と、その後のカンボジア戦争（中越戦争もこの一部である）については、明らかに一線を画《かく》すべきであろう。

ここではさっそく、このようにベトナムをめぐる戦争と人間について述べてみたい。

実に一七世紀の終わりから、フランスはインドシナ半島の植民地化を画策してきた。

ベトナムは早々とその魔手に捉えられ、二〇〇〇年にわたるフランスの支配を余儀なくされる。

しかし、二〇世紀の初頭から一九二〇年代の後半にかけて、独立を求める声が広がり、抗仏運動へとつながっていく。

これが本格的な武装闘争へと発展するのは、太平洋戦争が終わって間もなくのことであった。

こうしてインドシナ戦争が開始されるわけだが、ホー・チミン首相（のち大統領）に率いられるベトミン軍（越南軍、越はベトナムの意）は、九年間にわたる戦闘の末、フランスをこの地から追い出すのに成功する。

その最大の激戦はハノイ西方のディエン・ビエン・フーの闘いであった。

戦車一〇両、野砲一〇〇〇門を頼りに、フランス軍一万五〇〇〇名はこの地に一大軍事基地を築く。

インドシナ戦争のさい村を解放したベトミン軍

これを知ったベトミン軍は、三万人の戦闘部隊と五万人の支援要員を投入、一ヵ月の死闘のすえ、ディエン・ビエン・フーを陥落させた。

この闘いを見ていくと、空軍および機械化された輸送力こそ持ってはいないものの、ベトミン軍は高度の戦闘力と充分な補給能力を兼ねそなえていたことがわかる。

さらに兵士一人一人が、明確な目的意識を持ち、それが目に見えない形で戦力を予想以上に向上させていたようである。

ベトナム戦争

さて、インドシナ戦争に勝利し、ようやくフランスの支配を脱したベトナムであるが、それ以後、数年を経て、「南」ベトナムと「北」ベトナムの戦争が勃発する。

これが足かけ一五年も続くベトナム戦争である。

ここで、この戦争の一方の側の是非を問うつもりはない。

アメリカ、西側諸国、そして「南」は北からの侵略と考え、「北」と社会主義諸国は「南」圧制からの解放を唱えたのである。

それはともかく、「北」ベトナムの人々は「南」の数倍の高い士気をもって戦闘を挑んだ。南ベトナム民族解放戦線（ＮＬＦ）、「北」ベトナム軍は、旧ソ連、中国からの大量の武器給与を受け、近代装備を誇るアメリカ、「南」軍に一歩も譲らぬ闘いぶりを見せる。たしかに人的損害に関していえば、ＮＬＦ、「北」軍のそれは相手の三倍ほどに達していた。

しかし、当時にあってはよく理解されていなかったものの、「北」ベトナム政府にとって、それは充分に許容できる範囲であった。

三対一の損害率のまま戦争が長引けば、嫌気がさして撤退していくのはアメリカである、ときわめて正確に予想していたのである。

一九六一年から戦争は本格化し、五年後にはアメリカが「北」の領土に爆撃を加えるまでに拡大する。

このさいの〝北爆〟〝エスカレーション〟などといった言葉は、一九六〇〜七〇年代、連日のごとく世界の新聞、テレビを賑わせたものであった。

「南」での戦闘の状況が、ＮＬＦ、「北」軍に有利に傾くにつれ、アメリカのストレスは増大の一途をたどり、それはそのまま北爆の激化につながっていった。

太平洋戦争のさい、日本本土に投下された爆弾の量は一六～一七万トンと言われているが、北ベトナムはその一〇倍以上、実に二〇〇万トンの爆弾の雨を浴びている。

渡河訓練を行なう北ベトナム正規軍

それにもかかわらず、同国国民の抗戦意欲は全く衰えを知らず、「南」への圧力をいっそう強めていく。「南」領内の戦闘では、まさに犠牲、損害を覚悟の猛烈な攻撃で、主役であるアメリカ軍に立ち向かった。

一九六八年一月～二月の総攻撃（テト攻勢）により、超大国アメリカはベトナムにおける戦争に勝利できないことを悟る。

そして最大時には五〇万人を超す大兵力を駐留させながら、ついに休戦、あるいは完全撤退の道を探り始めたのであった。

結局、一九七五年春、「北」ベトナムと南ベトナム民族解放戦線は、ベトナムの統一化に成功する。

それは見方によっては、武力による「南」の占領とも言えないこともなかったが……。

この戦争で「北」、ＮＬＦの兵士たちは、第二次大戦における日本、ドイツ、ソ連兵士と同様、まさに死にもの狂いで闘った。

日本の陸海軍は航空機を使った体当たり攻撃を組織的に実施したが、「北」、NLFも組織的とは言い難いものの、兵士が爆薬を携えて強固な敵陣に身体ごと突っ込むという形の攻撃を何度となく行なっている。

これが強制であったのか、それとも自発的なものだったのか、判断に苦しむのは著者だけではあるまい。

さらに海のごとく広がる大森林地帯を味方にし、戦闘機、戦車を豊富に持っていた超大国の軍隊を思うままに翻弄した。

そして、これまた中東におけるイスラエルの場合と同様に、NLFは捕獲した敵側の兵器を有効に再利用し、自軍の不足を巧妙に補っている。

弾薬、小火器は言うにおよばず、アメリカが大量に持ち込んだM113装甲車さえ捕獲、「南」軍との戦闘に投入した。

これらの事柄が「北」、NLFの戦力向上の一助になり、ベトナム統一が実現したのであった。

カンボジア戦争

一五年近くにわたった戦争が終わったとき、一二〇万人の兵員を擁するベトナム軍は、東南アジアではもちろん、世界でも有数の戦力を持つ軍隊に成長していたことになる。

そして「南」の崩壊と共に、多数のアメリカ製兵器が転り込み、主なものだけを見ても戦闘車両一七〇〇台、火砲一三〇〇門、航空機五五〇機に達した。

祖国の統一、戦力の強化が一挙に実現し、それと同時にようやくインドシナ半島に平和が訪れたかに見えた。

莫大な犠牲者を出したものの戦争は終わり、人々は故郷に戻り、家族と共に普通の生活を始める。

ところが——。

隣国カンボジアでポル・ポト派による原始共産主義のうねりが高まりを見せる。歴史的にいつもベトナムの脅威となっていた中国がこれを支援している事実を知ると、ベトナムの社会主義政府は再び戦争を決意する。

問題はここから難解になっていく。

ポル・ポト派とそれを後押しする中国は、そのままベトナム戦争当時のNLFと北ベトナムの関係であった。

一方、反ポル・ポト派とそれを助けるため介入した統一ベトナムは、言ってみれば「南」政府とアメリカの立場である。

つまり新生ベトナムは、大戦争が終わってから三年と八ヵ月後、大国として他国の戦争に加わった。

ポル・ポト派（約四万人）と比べてその派遣兵力（約二〇万人）は圧倒的であり、保有する兵器の量、質ともに大差がある。

この点からはカンボジアに介入したベトナム軍は、ベトナム戦争のアメリカ軍のまさに

〝相似形〟と考えられる。

これだけ戦力的に格段の差があり、かつ戦いに慣れているベトナム軍は、短期間のうちにポル・ポト一派を壊滅させ得ると誰しも信じて疑わなかった。

たしかにいくつかの戦闘で、ベトナムは弱体の敵を簡単に撃破する。

しかしそれがそのままポル・ポト軍とその政治勢力の降伏、解体につながるかというと、状況は全く別であった。

ポル・ポト軍は濃密な森林に逃げ込み、中国からの武器援助を頼りにベトナム軍への抵抗を続ける。

また、犠牲者一〇〇万人以上と言われる大虐殺事件を引き起こしていながら、一部とはいえ一般大衆の支持を得ていた。

これらを基盤として原始共産主義者たちは、隣国から侵攻してきた社会主義を信奉する敵にしぶとく抵抗を続けるのであった。

大兵力、つまり正規軍（人民軍）の一五パーセントを投入し、自信満々でカンボジアに入ったベトナム軍であるが、半年とたたないうちに、この戦争が思惑どおりに進まないことを身をもって思い知らされる。

恰好の退避所としてのジャングル、住民と区別のつかない敵軍の兵士、正確な地図もない他国の戦場、長く伸び切ってしまった補給線、陰に陽に敵を支援する大国・中国の影。

二〇万人という大軍も、広大なカンボジアの地に配備されれば、常に不足気味というほかはない。

また敵は好きな時に攻撃し、好きなときに撤退できるのである。

これこそベトナム戦争のさい、アメリカ軍、「南」軍が戦闘のたびに感じた困惑と全く同じものであった。

カンボジア侵攻ベトナム軍はその後も、ポル・ポト派のゲリラと数年にわたって戦い続けるが、決着をつけることはついにできないままであった。

そして精強、鉄の団結を誇ったベトナム軍の中にも、少しずつ厭戦気分が広がりはじめる。本当に祖国のために役立っているのかどうか判らない戦争、見えない敵との終わりのない戦いとなれば、士気の低下は必然である。

一九八九年に入ると、ベトナム軍はポル・ポト派を壊滅させることなく撤退に踏み切った。ベトナム軍のカンボジア駐留は一一年の永きにわたり、この間の戦死者は公式発表で五・五万人に達している。

なんとも皮肉なことに駐留期間も、戦死者数も、ベトナム戦争におけるアメリカ軍と大同小異であった。

「歴史は繰り返される」とは、たびたび言われることであるが、ベトナム／カンボジアの戦争は再びそれを証明した。

一九四五年から四〇年以上、戦争の真っ只中に身を置かなくてはならなかったベトナムの人々はどのような気持で、日々《ひび》の生活を送っていたのだろう。

同国は戦争のために経済が疲弊《ひへい》し、東南アジア諸国の繁栄から完全に取り残されてしまっている。

ベトナム国民の大部分が、超大国アメリカの軍隊を打ち破ったという輝かしい歴史よりも、現在の暮らしに関心を持つのは当然であろう。

とすると、当事者にとっても過去の大戦争の記憶は、時間と共に薄くなる一方なのである。二〇世紀最高の強さを誇ったベトナム軍、そしてそれを支えていた人々も、結局のところ我々となんら変わらないということであろうか。

ベトナム人とベトナム軍のエピソード

その1　西のイスラエル軍と東のベトナム軍

アジア、そして中東の一角で勝利を得た二つの軍隊にかなり共通点があることが分かる。

まずイスラエル国防軍、そしてベトナム人民軍の場合、一見、軍隊の規律がかなり緩いように感じられるのである。

その典型的な例がパレードなどに見られる分列行進で、どちらの場合も表現こそ良くないが、まことにだらしない。歩調もあまり揃わず、かつ胸を張って行進するといった様子とはまるで反対、隊列もばらばら、姿勢も良くない。言ってしまえば、何となくだらだらという印象が強い。

もう一つ、その服装である。

どちらもあまり鉄帽というものを好まず、イスラエル軍の場合はテンガロンハットのような帽子、またベトナム軍の場合には布製の軽い帽子をかぶっている。

さらに、軍服についてもそれほど気にせず、支給されたものを自分勝手に着こなしている。したがって、どちらの軍隊にも共通しているのは規律への無関心、そして何となくやる気のなさといった印象ばかりなのである。

ところが、すでによく知られているように、いったん戦争となるとどちらの軍隊も恐ろしいほどの強さを発揮する。

国あるいは国民のために自分の生命を顧みないといった戦闘意欲もまた同様で、これに関してはことの善し悪しを超えた凄味さえ感じられるのである。もちろん、太平洋戦争末期の日本軍もまたこれと似た状況であった。

ベトナム戦争のさいのアメリカ軍地上部隊の戦闘記録（例えば『ベトナム戦争における小部隊の戦闘』）を読むと、映画「プラトーン」と同様に接近戦において、梱包爆薬を抱えて突入してくるベトナム兵の恐ろしさが記されている。

ジャングル内の近接戦闘にあって、必要とあらば背中と胸に持てるだけの爆薬を抱き、アメリカ軍の前線指揮所に人間爆弾となって突入してくるのである。

アメリカをはじめとする西欧型の軍隊において、このような戦術はとうてい採用されるはずはなく、それだけにアメリカ兵としては大きな恐怖を感じたのであろう。

このように見ていると、一九七〇年代の終わりまでイスラエル国防軍とベトナム人民軍は世界最強の軍隊であった、という評価さえおかしくはない。

しかし、ここでもまたイスラエルの場合と同じように、国家が安定するとそのような勢いは次第に影をひそめていく。

戦争に勝ったところでそれが国家の繁栄とは必ずしもつながらないという事実は、イギリスの没落、そして日本とドイツの台頭という歴史を見る限り、はっきりと理解できるのである。

その2　変貌するベトナム人民軍

大国アメリカをインドシナ半島から追い出し、南北ベトナムの統一を成し遂げた旧北ベトナムとその軍隊は、その後に至ると国家目標を完全に見失ってしまい、当時の勢いをなくしてしまった。

経済活動は停滞し、かつあまりに強大な軍事力を持っているため、隣国中国とのあつれきが高まり、アジア諸国もこれを警戒して親密な関係を持とうとしない。

このような状況にあって、ベトナムはほとんど唯一と思える打開策を実行に移す。それがかつての仇敵アメリカとの国交回復、さらに経済関係の強化という方針である。ベトナム戦争が一九七五年に終了してからちょうど二〇年、ベトナムはアメリカとの国交回復に全力を注ぎ、ようやく一定の成果を得ることに成功した。しかし、その歩みは遅々として進まないばかりか、膝を折るようにしてこの関係を強めようとしている。

たとえば、アメリカ人戦死者の遺骨の発掘及び返還作業については全面的にアメリカに協力しているが、その態度は痛々しいほどで、アメリカの要求をすべて受け入れるかたちでこの作業に取り組んでいるのである。

さらにホー・チミン（旧サイゴン）、ハノイの一等地に広大な土地を用意し、アメリカの企業に進出を要請する有様である。

この現実を目の当たりにしたときに、アメリカを駆逐するために命を掛けて戦った人々はどのように感ずるのであろう。

ベトナム戦争が終わった時二〇代であった人民軍兵士は、現在四〇代の中頃である。もちろん、ベトナム軍の中核になっている軍人もいるはずだし、また社会に出て指導的立場に就こうとしている人々も多い。

彼らはみなアメリカとの戦争、その後のカンボジア侵攻、そして北部国境での中国軍との戦争を経験している。

つまり、統一ベトナムの四〇歳以上の男性は、必ず一時は戦場に身を置いている。

そして目的を達していながら、その後、打ちのめしたはずの相手に対して経済的支援を要請しなければならない。これが現実であるから、ある意味で勝利の余韻も確実に消えつつあるのもしごく当然である。

一方、現在ベトナム軍に勤務する軍人たちは、この事実をどのようにとらえるのであろうか。

浮かび上がってくるのは戦うことのむなしさ、あるいは戦争の勝利の意味ということである。それがどれだけ重要なのか首を傾げざるを得ない。

母国が侵略されるような状況ならともかく、単に祖国統一、民族自決というような輝かしいスローガンに向かって全力投球していくことのむなしさが、ここに至って強調されている。

こうなると、それまで精強を誇ってきたベトナム人民軍も少しずつ変貌を余儀なくされる。

この点でもアラブ諸国によって生存権を保証されたイスラエルと、先の目標を完遂したベトナムとの共通点が浮かび上がってくるのである。

繰り返すが、一時は世界最強を誇ったイスラエル国防軍、ベトナム人民軍も国家の安定と共に次第にその力を失い、軍人たちもまた平和思考が強くなっていく。これこそある意味では本当の平和への理想的なアプローチではあるまいか。

戦争がなくなるということは、軍隊が弱くなるということである。世界の人々が望んだ平和というのは結局、このように思わぬところから始まるのかもしれない。

第14章　スウェーデン人と戦争

完全中立国家

世界を見渡すと、かたくなに『天上天下唯我独尊《ゆいがどくそん》、世界の中でも一人生きていく』、つまりどの陣営にも属さず完全中立を守っていこうとする国家がある。

この典型的な国としては、

フィンランド
スウェーデン
スイス

の三ヵ国であろうか。

このうち、もっとも徹底して中立を維持しているのはなんといってもスイスで、二〇世紀も終わろうとしている現在に至るも国連にさえ加盟していない。

そして独自の軍備、国民皆兵政策を推し進めているのである。

このスイスについては、稿を改めて述べてみたいが、ここではそれと並び立つスウェーデンを取り上げる。

まず兵器の開発、維持という面から見ると、スウェーデンはきわめて特徴的である。サーブの名で知られた複合企業が、独自の軍用機、戦闘車両、艦船を生み出し、これらを国防の基本としてきた。

この国は、面積こそ日本の一・三倍であるが、人口はわずか九一〇万人（一九九六年）で、この数字は東京二三区のそれとほぼ同じである。

それにもかかわらず今世紀のはじめから防衛力の強化に力を注ぎ、中立を保ってきた。

この努力こそ、ひとつの国家の進むべき道を示しているといえよう。

ともかく第二次世界大戦、そしてその直前のいくつかの紛争にさいして、これに巻き込まれなかった西ヨーロッパの国は、わずかに同国とポルトガル、そしてスイスの三ヵ国だけなのである。

国産兵器へのこだわり

第二次大戦後、スウェーデンは東西どちらの陣営にも属さず、独自の道を選択する。

心情的には東側より西側に傾きつつあったが、それでもベトナム戦争（一九六一〜七五年）におけるアメリカの政策を痛烈に批判している。

このこともあってあくまで兵器に関しては、国産にこだわり続けた。

まず戦闘機であるが、

サーブJ29

サーブJ32ランセン
サーブJ35ドラケン
サーブJA37ビゲン

スウェーデンの国産戦闘機サーブJAS39グリペン

サーブJAS39グリペン
のいずれもが、かなりの高性能を持っている。ご承知のように、科学技術の最先端を行く戦闘機の開発と整備には莫大な費用が必要とされるが、スウェーデン国民はひるむことなくこれを実行したのであった。

この五機種の中で、設計が平凡なのはJ32ランセンだけで、他の四機種は驚くほどユニークなスタイルである。

またその戦闘能力についても、後述のごとく決して侮るわけにはいかない。生産数こそ多くないが、性能的には充分に一流と評価できるのであるまいか。

次に戦闘車両であるが、ここでもスウェーデンは独自色の濃い兵器を誕生させている。

その典型的な例が〝Sタンク〟と呼ばれている主戦闘戦車MBTである。

ユニークな無砲塔の戦車Ｓタンク(Strv103)

制式名をボフォースＳｔｒｖ103というこの無砲塔戦車は、第二次大戦後のあらゆる戦車のうちでもっとも不可思議な外観をもっている。

ともかく砲塔はなく、エンジンはディーゼルとガスタービンの併用、主砲は長砲身の一〇五ミリ砲と、当時の他国のＭＢＴとは大きく異なっていた。

それまで本格的な戦車を製造した経験を持たなかったスウェーデンではあるが、Ｓ戦車はその登場と共に、この分野の専門家たちを驚かせたのである。

さらに艦艇についても、この国の工業界はつぎつぎと新鋭艦を送り出している。

いずれにも共通する低いシルエットを持つ水上戦闘艦は、その艦型から見ても独得のもので、この伝統はゴトランド級駆逐艦からグーテボルグ級コルベットまで変わっていない。

またスウェーデンの艦艇の特徴のひとつは、いずれも排水量の割に重兵装をもっていることであろう。

先に掲げたグーテボルグなど、排水量四〇〇トンという小型艦にもかかわらず、

五七ミリ、四〇ミリ砲　各一門

ＲＢＳ対艦ミサイル　八発
四〇〇ミリ魚雷　四本

を装備しているのである。

また、この国の建造する小型潜水艦の性能はきわめて高い評価を受けており、ヨーロッパはもちろんアジアにまで輸出されている。

国防力の強化

これまで見てきたごとく、スウェーデンは全く独力で多くの優秀な兵器を誕生させてきた。そのうえ、他の二つの手段で国防力の強化に取り組んでいる。

まず国防軍（陸軍四・五万人、海軍一万人、空軍一万人）の訓練においては、平均的な訓練時間そのものが他国の軍隊の一・五倍も長いということである。

この算定基準はなんともはっきりしないが、ともかくスウェーデン軍は実戦を想定した訓練を繰り返している。

これを裏付ける資料のひとつとして、同国の予備役軍人の訓練への参加数を調べてみるとよい。

総兵力わずか六・五万人の軍隊であるにもかかわらず、例年一〇万人を超える予備役が常備軍と一緒になって訓練を受けている。

我が国の場合全く逆で、この比率は一〇対一といったところなのであるまいか。

さらにスウェーデンでは、国を挙げて万一の戦争に備えているという事実がある。

これは決して〝好戦的な国民性〟を示しているのではなく、
(一)、国民の生命の保護
(二)、既存の戦力の効率的な維持
のための努力を払っているという意味である。
(一)についてはすでに述べたとおり、一九九五年までに、なんと六五〇万人を収容できるシェルターを完成させた。人口は九五〇万人であるから、万一戦争が起こったさい、国民の三分の二が、このシェルターを利用することができる。
(二)については、これまた多くの大型兵器を防空シェルターにおさめるべく、営々とそのための準備を進めてきている。
戦闘機、戦車はもちろん、排水量四〇〇トン以下のコルベット、ミサイル艇までも崖を利用して造られた横穴式のシェルターにおさめているのである。

世界広しといえども、これほど戦力の生存性(サバイバビリティ)に力を入れているのは、スウェーデン軍だけといってよい。

まさに、この国はその〝国是〟として、

「自分から戦争を仕掛けるようなことはしないが、いったん侵略を受ける可能性が生じた場合、国産の兵器を駆使して厳しく反撃する」

という態度を世界に示しているのであった。

国連への全面的協力

さてスウェーデンのもうひとつの国是は、

「国際連合を全面的に信頼し、協力を惜しまない」

ことである。

日本ではたびたび議論を巻き起こしている平和維持活動のPKO／PKFにも、常に積極的に参加を表明している。

同国は一九六〇年以来、世界の紛争地に部隊、あるいは停戦監視団を送り、国際的な〝止め役〟を果たしているのである。

またそれだけではなく、いざとなれば実戦参加も躊躇しない。

国連が武力の行使を決定すれば、それにも協力するのである。

この典型的な例が、一九六〇年七月から実に一八年にわたって続いたアフリカ・コンゴ（のちザイールに国名を変更。その後再びコンゴと改名）をめぐる紛争である。

このアフリカ中央部の紛争は、現地の三つの勢力、ベルギーの派遣軍、国連軍、白人の傭《よう》兵《へい》部隊までが参加した複雑きわまりない戦争といえた。

しかも一時的ながら、国連PKF軍とベルギー軍の戦闘まで発生している。

国連は最大時一一ヵ国から一万五〇〇〇名の軍隊を編成し、アフリカ人同士の意味のない殺し合いを止めようとした。

しかし、派遣された国連軍の一部の平和維持に関する意欲は驚くほど低く、たんに支給される外貨だけを目当てにしている部隊も少なくなかった。

特に中央アメリカ、アジアから自ら名乗り出て参加した某国の軍隊に、この傾向が強かったとも伝えられている。

実際に駐屯地のすぐ近くで住民の大規模な虐殺事件が発生していても、これらの国のPKF部隊はそれを止めようとしなかった。

武装した民兵がいるというだけで、全く動かなかったのである。

それどころか、保有している軽火器を紛争の当事者に売りつける者まで現われた。

そのような状況の中で、平和維持という目的のために奮闘したのが、スウェーデン軍であった。

司令官K・J・ホルン少将の指揮下に、
三コ歩兵大隊
一コ戦闘機中隊
があり、彼らは国連安全保障理事会の要請を忠実に実行し、そのための戦いを恐れなかった。

歩兵部隊は身を挺して、部族間の戦闘を中止させ、虐殺の責任者を逮捕している。

また虐殺に関与した白人雇兵については、ベルギー軍と対立してまで追及を続けた。

さらに休みなく活動したのは、一二機からなるサーブJ29戦闘機隊である。

その特異な形状から〝ビール樽〟とアダ名されたスウェーデン製のジェット戦闘機は、国連軍の要請を受け、アフリカの空を縦横に飛行した。

初期には写真撮影が主な任務であったが、戦争の激化に伴い、実戦に参加する。

J29の低空における運動性のよさ、四門の二〇ミリ機関砲、四発搭載される二・七五イン

コンゴ動乱で活躍したサーブJ29戦闘機

チロケット弾は、戦闘の止め役として充分な威力を持っていた。

時には、それぞれの勢力に武器を運んできた輸送機を強制着陸させ、それを押収、時には交戦中の部族の重火器を破壊するなど、まさに水際立った活躍ぶりを世界に示したのである。

また現地の武装勢力に包囲されてしまったPKFのモロッコ軍を、空から救出したこともあった。

ともかく参加一二機（のちに一二機追加）のすべてが、対空砲火で被弾するほどの激戦を乗り切ったのであった。

なおコンゴ動乱でPKFは一二六名の犠牲者を出しているが、このうちの二三パーセント（二九名）は遠く北の国からやってきたスウェーデン人であったという事実は意外と知られていない。

国連は動乱終了後、スウェーデンのPKF活動に対し、特別表彰を行なうと共に感謝状を送っている。

永世中立を宣言した北欧の小国スウェーデンは、世界の平和のために必要とあらば血も汗も流すだけの国家としての矜持《きょうじ》（きんじとも読まれる。自分自身に誇りを持ち、積極的に義務を果たそうとする気持）を持ち続けている。

る。またその一方で、中東の和平交渉の仲介役をつとめるなど、国際的に高い評価を受けてい

そのいずれもが、自国の国益に直接係わりあっていないだけに、称賛の声はより高いのであった。

永世中立、しかし強力な軍備を持ち、かつ世界平和のため必要であればその行使を躊躇せず、さらに紛争国同士の停戦交渉には努力を惜しまない。

今のところ、スウェーデンこそひとつの理想的な国家の形といってもよいのではあるまいか。

スウェーデン人とスウェーデン軍のエピソード

その1 高性能の国産兵器

先に記したごとく、この国の人口は東京二三区のそれとほぼ同じであって、決して大国というわけではない。

それにもかかわらず、スウェーデンはあらゆる兵器に関して〝国産化、自主開発〟にこだわり続けている。

世界的に見てもこのような政策を貫き通している国は珍しく、スウェーデン以外にはないとも言い得るのである。

具体的にどのような兵器を開発しているか調べてみよう。

そのなかにはいくつか最先端技術が導入されているものもあるので、多少前の記述と重複するが、それらを紹介したい。

○潜水艦ゴトランド級

独自のAIP技術で建造されたゴトランド級潜水艦

すでに三隻が就役しているが、このクラスの推進機関はまさに先進技術そのものである。

正式にはＡＩＰ（非大気依存型）と呼ばれ、一種の外燃機関（スターリング・エンジン）と考えればよい。

良質の重油を液体酸素で燃焼させ、そのエネルギーが不活性ガスであるヘリウムを膨張、これがピストンを動かす。

したがって潜航中であっても、外部から酸素を取り入れる必要がない。

出力は七五キロワットと小さいが、騒音はほとんどない。

このＡＩＰ技術は、スウェーデン独自のものである。またゴトランド級、ネッケン級などに搭載している魚雷（直径四〇〇ミリ、有線誘導）も自主開発となっている。

○ステルス・コルベット　ヴィズビィ級

コルベットとは小型の軍艦（大部分は駆逐艦の半分程度）を指す。スウェーデンのヴィズビィ級は排水量六二〇トン、全長七二メートルであるが、その特徴は完全なステルス性を持っている点にある。

ともかく全体がのっぺりとした平面から構造され、大砲もミサイルもすべて〝箱の中〟に納まってしまう。

また、その平面には水面に対して直角／垂直な部分が存在しない。さらに熱の発生源となる煙突も持っていない。

このためレーダー、赤外線センサーにほとんど反応せず、明らかに〝見えない軍艦〟を狙っているのであった。

これに加えて、なんと船体も上部構造物もすべてプラスチック（ＦＲＰ）製で、いってみれば巨大な〝プラモデル〟といえる。

このようにスウェーデンという国は、世界最高水準の技術によって超高性能の兵器を次々と送り出し、ある面ではアメリカ、イギリス、ロシアを凌駕しているのであった。

人口わずか九〇〇万人程度の国で、これだけ兵器の自主開発に取り組んでいるのはなぜだろうか。

もちろんスウェーデンが永世中立国であり、その国是が、

『強固な軍備に基づく武装中立』

といったことが大きい。

つまり、かつての東西両陣営のどちらの側からも等距離を保とうとする姿勢が、このよう

な状況を造り出したのである。

しかし、中立国であるならば、たとえば戦闘機をアメリカから、戦車をロシアから購入するということも当然可能であった。

しかし北欧の技術立国は、あくまで自主開発、自国生産にこだわり続け現在に至った。

これだけ自国の国是を忠実に守るとなると、それはそれで立派と評価するしかない。

スウェーデンの自主開発・配備兵器

1　航空兵器

サーブ37ビゲン戦闘爆撃・偵察機

サーブＪＡＳ39グリペン戦闘機

サーブ340　２０００輸送機

2　陸戦兵器

Ｓｔｒｖ103〝Ｓ〟戦車

ＩＫＶ91水陸両用軽戦車

Ｐｂｖ302装甲兵員輸送車

ボフォースＰＢＳ70対空ミサイル

ボフォースＦＨ77野戦榴弾砲

カールグスタフＭ２-550対戦車ロケット

モデル45自動小銃

3　海軍兵器

ゴトランド級潜水艦
ゲラボルグ級高速戦闘艇
ヒューギン級ミサイル哨戒艇
アルブスボルグ級機雷敷設艇
ヴィズビィ級ステルス・コルベット艦

その2　隠れた武器、兵器輸出大国

世界有数の技術を持ち、経済的に安定し、国連への協力を惜しまず、永世中立を維持するというほぼ理想的な国家スウェーデン。

かつて日本のマスコミは、この国を大いに褒《ほ》めたたえ、見習うべきだとまで報じた。

しかしより詳しく見ていくと、スウェーデンは第二次世界大戦以前から現在まで一貫して、武器、兵器の輸出に力を入れていることがわかる。

それもたんに民間企業の努力だけではなく、国がこれを推進しているのである。

もっとも大量に輸出されたのは、ボフォース社の四〇ミリ大口径機関砲で、これは大戦中の各国の軍艦に競って搭載された。

アメリカ、イギリス海軍は言うに及ばず、これらと闘っていた日本海軍も少数ながら、ボ式（ボフォース）機関砲を採用している。

またここ一〇年ほど、旧西側各国の陸軍が大量に、カールグスタフ　対戦車ロケットM2-550

ボフォースFH70／77榴弾砲

を装備している。どちらも十数ヵ国でライセンス生産されているから、その装備数としては前者が数万基、後者が数千門といった数になろう。

カールグスタフは小型軽量、大威力で知られているが、より好評を得ているのがFH77である。

これは口径一五五ミリの榴弾砲で重量が一一トンもありながら、小型のガソリンエンジンを持ち、短い距離なら自走できる。

このため陣地を移動するさい、わざわざトラクターを使う必要がない。

各国の砲兵にとって非常に取り扱い易く、他の同クラスの火砲を大きく引き離すほどの人気がある。

我が国の陸上自衛隊もカールグスタフ、FH77を装備しているので、実際に見る機会も多いのではあるまいか。

これ以外にも、前述のAIP推進潜水艦への小国海軍からの引き合いも多く、二、三年のうちにバーレーン、インドネシア、インドをはじめとするいくつかの国が購入する予定といわれている。

ところでこのような現実を目の当たりにしたとき、『武器輸出』をどう捉えるべきかといった課題に向き合うことになる。

個人売買ならばいわゆる〝死の商人〟

国家が行なえばたんなる輸出
と単純に割り切れるとは思えない。

武器輸出がそのまま悪と断じることが出来ない反面、決して褒《ほ》められることでもないのである。

日本の場合、武器の輸出は法律によって禁じられており、この点からは見事なまでに真の平和国家といえよう。

隣国のすべて、つまりロシア、南北朝鮮、中国、そして台湾が多かれ少なかれ、これによって外貨を得ているのだから……。

しかし国民の教育程度も、また民度ももっとも高いスウェーデンが、武器輸出に熱心なのはなんとも解せない気もする。

最近では最新鋭の戦闘機グリペンまで、ヨーロッパ各国へ必死に売り込んでいる。

もともとスウェーデンの中立政策は、効を奏し、第一次、第二次世界大戦中も全く血を流さずにすごしてきた。

すでに一〇〇年以上にわたって戦争の惨禍を知らないのである。

だから、武器の輸出に力を入れてよいというわけではあるまい。

我が国の人々も、〝北欧の楽園〟と呼ばれているスウェーデンのこのような一面を知るべきなのである。

第15章　フィンランド人と戦争

ソ連による暴挙〝冬戦争〟

日本ではほとんど知られていないが、北欧のフィンランドは第二次世界大戦の開戦直後と戦中、隣りの大国ソビエト連邦と二度にわたって激しい戦闘を交えている。

なかでもソ連との最初の戦争――「冬戦争」一九三九年一一月〜四〇年三月は、建国から二〇年目に勃発し、祖国の存亡を賭した戦いとなった。

この戦争のさい、人口わずか三七〇万人のフィンランドは、ソ連赤軍を相手に目覚ましい奮戦ぶりを見せつける。

この戦いの原因は一にも二にも、ソ連の横暴にあるといっても過言ではない。

当時ソ連では、共産党上層部の権力争い、ドイツのスパイ摘発騒動、農業政策の失敗が重なり、大混乱の状態にあった。

その中でヨセフ・スターリン首相は反対派の大粛清を開始し、要人、軍人の暗殺、逮捕が続発する。

この混乱から国民の目を外へ向けさせるため、彼はフィンランドに難問を押しつけるのである。それらは、
㈠、国境であるカレリア地峡からのフィンランド軍の撤退
㈡、フィンランド湾に面する重要な港湾のソ連への無条件貸与
など、まさに呆れるほどの無理難題というほかはない。

そしてこれらが当然ながら拒否されると、一一月三〇日、歩兵師団二六コ、機甲師団一コを中心に五〇万人の大軍をもってフィンランドに侵攻する。

すでに述べたとおり、フィンランドの人口は三七〇万人であるから、動員できる総兵力は根こそぎ集めたところで三五万人程度にしかならなかった。

そのうえ航空戦力に関しては、ソ連軍の九〇〇機に対してわずか一〇〇機の劣勢である。

明らかなソ連の侵略に対して、本来なら国際連盟を中心としてイギリス、アメリカをはじめとする多くの西側国家が支援に立ち上がるはずであった。

しかし実質的に、そのような支援はほとんどなされなかった。

この理由は一九三九年一一月という時期にある。

すでにナチス・ドイツ軍のポーランド侵攻（同年九月一日）に端を発した第二次世界大戦が開始されており、各国はこれに対応するだけで手一杯であった。

だからこそソ連指導部は、堂々とフィンランドに攻め込むことができたとも言える。

フィンランドの善戦

さて四ヵ所で国境を突破し、またフィンランド湾岸から続々と侵入したソ連軍二〇万人（第七軍のみ）は、易々とフィンランド軍を撃破するかに見えた。

実際、兵力だけでなく兵器の質、兵士の訓練の度合、補給能力と、どれをとってもソ連軍は圧倒的と思われた。

しかし――。

智将カール・グスタフ・マンネルハイムに率いられたフィンランド軍は、折良く訪れた大寒波を利用して、侵入者に手痛い打撃を与える。

同国東部の典型的な地形である大森林、凍結した湖、険しい岩山といった自然も、祖国を守ろうとして戦う者に味方した。

一一月末という時期から戦場の大部分は厳しい寒さ（零下二〇度）、降雪、極めて短い日照時間といった状況で、ソ連軍の大量に保有している戦車、重砲の類は動けなくなっていく。加えて一日ごとに深くなっていく雪は、赤軍補給部隊の活動をいちじるしく妨げつつあった。

ロシア人以上に寒さに慣れている〝スオミ〟（フィンランド人の別称）たちが、この絶好の機会を見逃すはずはない。

白のスモックに身を包み、スキーをはいた兵士たちは小銃、機関銃、迫撃砲といった携帯兵器だけを持ち、動きの鈍くなっている大軍に襲いかかった。

一二月初旬の「スオムッサルミの戦い」では、ソ連軍の第四四師団、第一六三師団、そして四つの補給部隊がフィンランド軍の罠にはまり、大損害を出している。

赤軍の死者は二万名を大きく超え、その一方、フィンランド側のそれは一〇〇〇名にすぎなかった。

この闘いにおいては、フィンランド軍の攻撃が見事に成功したが、これは十数人からなる一〇〇〇個のグループが波状的な襲撃を行なったからである。

見方によっては、これは〝大規模なゲリラ戦術〟ということもできよう。

一方、空の戦いでもフィンランド軍は雑多な兵器、決して高性能とは言えない兵器を実に有効に使っている。

大編隊で進攻してくるソ連空軍の爆撃隊に対し、それぞれがわずか二、三〇機にすぎない
フォッカーD21　オランダ製
ブリュースター・バッファロー　アメリカ製
の両戦闘機が果敢に迎撃を繰り返した。

どちらの戦闘機も新鋭機とは言えず、研究者たちの評価も高いとは言えない。

しかし、フィンランド空軍のパイロットたちはこれらをうまく乗りこなし、多くのソ連機を撃墜している。

パイロットの技量、士気が高かったことも当然だが、地上整備員および戦闘機隊の地上指揮官たちも極めて有能であった。車輪のかわりにソリを付けたD21、バッファローを凍った湖面から発着させ、その後は深い森林を秘密の格納庫としたのである。

また絶対的に有利な状況下でのみ、迎撃戦闘に送り出している。

この結果、空中戦においてもフィンランド空軍は強大な敵軍に大損害を与える。

その決算は、

冬戦争時、フィンランド軍の奇襲で破壊されたソ連軍車両

ソ連軍の損害　　　　二八〇機
フィンランド軍の損害　　四二機
であり、キルレシオ（撃墜数／被撃墜数）は六・七に達したのであった。

地上、空中の損害に驚いたソ連軍だが、年が改まると共に兵力を増強し、力押しに攻勢をかけてきた。

これに対してフィンランド軍はビープリ、カレリアなどで激しく反撃を繰り返し、一月下旬まで一進一退の状況となる。

しかしフィンランド軍の英雄的な抵抗も、二月に入ると少しずつ衰えを見せはじめた。

この理由はこの月の上旬からソ連軍が新たに第一三軍（七コ師団）を投入し、また空軍も一〇〇〇機を増派したからである。

加えて大幅に増強された二コ砲兵師団は、一日当たり三〇万発の砲弾をフィンランド軍に向け射ち込んでくる有様であった。

三月一三日、このままでは全土が占領される可能性が出てきたため、フィンランド政府は休戦を申し出て〝冬戦争〟は終わった。

ソ連は望む領土を手に入れたが、その代償として二〇万人の戦死者、四〇万人の負傷者を出してしまった。

他方、フィンランド軍の人的損害は戦死者二・五万人、負傷者四・三万人である。

この数字を見るかぎり、戦闘の勝利がどちらの側にあったのか、明白であろう。

捕獲兵器の活用

最終的な勝利をおさめ交渉を有利に進められたものの、ソ連軍の人的損害はあまりに大きかった。

常にフィンランド軍の五、六倍の兵力を注ぎ込みながら、損害もまた相手側の数倍にのぼっているのである。

たしかに当時のソ連国内の状況は異常というほかなく、将校も兵士も粛清恐さにどのような命令にも盲目的に従っていた。また軍人の訓練もほとんど行なわれず、兵員数を頼みに闇雲にフィンランドに侵攻したのであった。

さらに、全戦死者の一〇パーセント以上が、冬用の装備不足のため凍傷にかかっていたと伝えられている。

これに対してマンネルハイム指揮するフィンランド軍は、常に敵の弱点を突き、効率よく戦うことができた。

開戦前には不足とされた兵器さえも、勃発直後に大量に敵軍から捕獲している。たとえば、機甲部隊を重視した赤軍相手の戦闘では欠かせない対戦車兵器の類いである。ある記録によると開戦後一ヵ月の間に、フィンランド軍は、

PTRD系の一四・五ミリ対戦車ライフル

M1932四五ミリ対戦車砲

を合わせて九〇〇門、そしてその弾薬も大量に手にした。

対戦車ライフルとは、すでに消えてしまった兵器のひとつだが、超大型の単発銃で、その弾丸は三〇〇メートル以内なら二五ミリの厚さの装甲板を貫通する威力を持つ。

このライフルの重量は実に二〇キロ、発射するさいの反動も物凄いもので、身体の大きな兵士でないと扱うことのできない兵器とも言えた。

しかしフィンランド軍は、このPTRD対戦車ライフルを好み、赤軍機甲部隊の主力であったT26、BT5型戦車を次々と破壊した。

また、これらの戦車から戦車砲を取りはずし、整備のうえ再利用したのである。

これによりT26、BT5はもちろん、大型の多砲塔戦車T35まで撃破している。

捕獲兵器を最大限に活用したという面から見ると、フィンランド、そして一〇〜二〇年後のイスラエル軍がその最たるものであろう。

当時のフィンランドは小銃、機関銃、迫撃砲については自国で製造することができたが、大型の兵器（大口径砲、戦車、戦闘機など）は輸入に頼っていた。

したがってソ連との戦争が少しでも長引けば、圧倒されるのはあらかじめ予想されたのである。それでも、なおこれだけ善戦できた理由は、

㈠、祖国を守ろうとする国民の強い意志
㈡、弱体の戦力を有効に働かせた軍上層部
㈢、持てる兵器を活用した前線部隊

による。

少々横道にそれるが、このソ連・フィンランド戦争については、わが国にはあまり知られていない多くの事柄が残されている。

永世中立国を宣言しているスウェーデンが、大国ソ連の横暴を見かねて八〇〇〇名の義勇軍を送り込んだこともそのひとつである。

彼らはフィンランド軍兵士と協力して闘い、大きな戦果を挙げている。

また、簡単に片づくと思っていた小国との戦争で大打撃を被ったソ連軍だが、その立ち直りは極めて速かった。

戦争が終わってから三ヵ月もしないうちに専門家を現地に送り込み、それぞれの戦闘の徹底的な調査を行なっている。そして、

㈠、歩兵部隊の訓練不足と指揮系統の不統一
㈡、主力戦車であったT26、BT5の弱点
㈢、空軍の爆撃隊の不手際とその原因

などを洗い出し、迅速に改善していった。そしてそれは完全とは言えないものの、翌年六

月に開始されるドイツとの大戦争に生かされるのである。

一方、フィンランドはドイツ軍のソ連侵攻に歩調を合わせて、一九四一年夏から〝冬戦争〟で奪われた国土の奪回をはかった。

これは一般的に〝継続戦争〟と呼ばれている。

しかし、もともと少ない兵力での進攻作戦は思うように進展せず、ドイツ軍の崩壊と共に再び敗北を味わうのであった。

このように見ていくと、フィンランド軍の強さが本当に発揮されたのは、やはり祖国防衛のための冬戦争だけといってよい。

どの民族も国を守るためには果敢に闘うが、それはスオミの場合にも全く同様であったのである。

フィンランド人とフィンランド軍のエピソード

その1　世界は〝侵略〟を防げなかった

本文中でも多少触れているが、ソ連／フィンランド戦争はなぜ勃発したのだろうか。

当時の両国の国力を比較してみると、

	ソ連	フィンランド
人口	一・八億人	三七〇万人
兵力	五〇〇万人	一七万人

総兵力　三五万人　一一〇〇万人

注・兵力は一九三二年の数字。総兵力は戦争勃発一ヵ月後

となる。ともかくどのような国家であろうと、例え女性を動員したところで、軍人の数は最大限人口の八パーセント程度であろう。

フィンランドの人口三七〇万人は、国境近くにあるソ連の第二の都市レニングラード（現サンクトペテルブルグ）の三五〇万人とほぼ同じであった。

つまりフィンランドという国は、ソ連の一都市程度の力しか持っていないことがわかる。

ところがソ連はこのような状況を充分知っていながら、

「ソ連に対するフィンランドの脅威」

を声高に宣伝した。

いわくフィンランドはソ連国内の混乱を煽《あお》り立てている、いわくレニングラードはフィ軍の重砲の射程内にある、いわくカレリア地峡経由でアメリカ、イギリスのスパイの潜入に手を貸している、といった具合である。

またフィンランドの港湾のソビエトへの永久貸与を要求し、これが拒絶されると軍を展開させて恫喝した。そのあげく大軍を擁しての侵略を開始している。

現代からみても、また当時にあってもこれは明白な事実で、これほど明らかな侵略戦争は歴史的にも稀《まれ》であった。

本来ならすぐに国際連盟（国連の前身）が動き出して、ソ連の行動を阻止すべきだった。

なかでもイギリス、フランスは以前からフィンランドに好意的であったから、これは容易

に可能と思われた。

しかし、前述のごとくなんともタイミングが悪すぎた。

いや、ソ連としてはこれを計算した上で、隣りの小国を手中におさめようとしたのであろう。

結局、フィンランドはスウェーデンからのわずかな手助けを得ただけで、巨大な熊と闘わなくてはならなかった。

冷静に考えたとき、ソ連をおさえ込む力を持っていたのはアメリカしかなかったが、これまた日本との軋轢が高まっていたこと、フィンランドはあまりに遠かったことの二点から、何もしないままだったのである。

世界は正義のために立ち上がらず、小国を見捨てたのである。

こうなってはスオミの国は独力で闘う以外に道はなかった。

フィンランドは、
○徹底的に闘うか
○ソ連の属国となり社会／共産主義を受け入れるのか
の選択を迫られ、前者を選んだ。

戦争は人類にとってもっとも悲惨な出来事である反面、これをすべて否定すべきかどうか、否応なく考えさせられるのであった。

ほぼ同時期に起こったイタリア／エチオピア戦争と同様、ソ連／フィンランド戦争は、現代に生きる我々にとって、簡単に答えの出ない問題を投げかけている。

その2　多種多様の戦闘機群

フィンランドの歴史は、極めて新しいと言わなくてはならない。

そのため、戦争を経験したのは一九三九年から四〇年にかけてのいわゆる「冬戦争」、また一九四二から四四年の「継続戦争」の二回だけである。このいずれもが隣りの大国ソ連相手であった。

ところが、人口から言えば五〇分の一以下の小国は、赤い大国の軍隊に対して驚くほど善戦する。

よく考えてみると、このこと自体が奇跡であった。フィンランドは、自国で兵器をほとんど生産していないため、輸入された兵器で戦わなければならなかった。

そのため、イギリス・フランス・ドイツ・オランダ・イタリア・アメリカなどから雑多な兵器が輸入され、この点からも不利は免《まぬか》れない。

それでも先に述べた二度の戦争において、フィンランド軍は多種多様な兵器を実にうまく使いこなす。その典型的な例が戦闘機である。

先にオランダ製のフォッカーD21、アメリカ製のバッファロー戦闘機を例に挙げたが、これ以外にもフィンランド空軍はいろいろな国の戦闘機を輸入し、それを実戦に投入した。

そのうえフランス製のMS406型戦闘機に、ドイツがソ連から捕獲し、チェコスロバキアでオーバーホールさせたエンジンを組み合わせたラグ・モランという混血戦闘機さえ造り上げたのである。

フィンランド軍が使用したイギリス製戦闘機グロスター・グラジエーター

さらに、エンジン以外は完全に国産のミルスキー戦闘機も初飛行して戦争に間にあった。

大国ならいざ知らず、これだけ多くの種類の戦闘機を用いて戦い続けるとなると、部品の統一性、並びにパイロットの訓練といった面からも不利と言える。

戦争においては、同じ形の兵器を大量にそろえることが何よりも必要だからである。

ところが、フィンランド空軍は、あとに示すごとくなんと一二種類の戦闘機を非常にうまく運用した。

高性能の戦闘機を持ってソ連の戦闘機隊に立ち向かわせ、旧式な戦闘機を使ってソ連軍の爆撃機を襲ったのである。

このように戦闘機の性能によって用途を振り分け、さらに、国民の機械に対する関心が高いこともあって、整備員は絶え間なく勉強し、それぞれの戦闘機の持つ能力を最大限に発揮させたのである。

もう一つ、これは著者の私見だが、フィンランドの人たちは機械を扱うことについて極めて優れた能力を持っていると思われる。

身体の大きな男たちは戦闘機を徹底的に自分のものとし、

押し寄せるソ連の大編隊に対して実に巧妙に戦った。そして、五機以上の撃墜者、いわゆるエースを次から次へと輩出したのである。

著者がフィンランド人のこのような特質を強調するのには、それなりの理由がある。

現在、日本でこそそれほど関心を持たれていないが、モータースポーツの世界では、WRC（ワールド・ラリー・チャンピオンシップ）というレースが大きな人気を集めている。特にヨーロッパ大陸においては、F1（フォーミュラ・ワン）レースを凌ぐほどの人気なのである。

これは、市販の乗用車に改良を加え、高速で野や山を駆け回るラリー競技であるが、この分野でフィンランド人のドライバーは圧倒的な成績を上げている。

マキネン、カンクネンといった典型的なフィンランド語の名前を持つドライバーたちは、アメリカ、イギリス、ドイツ、イタリアなどのドライバーを寄せ付けず、ラリーの世界に君臨している。

その使用車の大部分はトヨタ、三菱、富士重工製であるが、ドライバーはもっぱらフィンランド人なのである。

この事実を知るとき、『俊敏なラリーカーと腕のいいレーシングドライバー』と『北国の上空で戦った各種の戦闘機とフィンランド人パイロット』の姿が重なって見えてくるのは、必ずしも著者だけではないだろう。

自動車・航空機を扱うことにかけては、フィンランド人はまさに世界最高の人々なのである。

これが冬戦争・継続戦争において赤い大国の軍隊を思う存分痛めつけた理由のひとつなのかも知れない。

フィンランド空軍が使用した戦闘機とその機数

1、ブリストル・ブルドッグ	イギリス	一五機
2、フォッカーD21	オランダ	四一機
3、グロスター・グラジエーター	イギリス	一二機
4、モラン・ソルニエMS406	フランス	三〇機
5、ホーカー・ハリケーン	イギリス	一二機
6、フィアットG50	イタリア	三五機
7、ブリュースター・バッファロー	アメリカ	四四機
8、コードロンC714	フランス	六機
9、カーチス・ホーク75	アメリカ	二九機
10、メッサーシュミットBf109	ドイツ	三〇機プラス
11、ラグ・モラン	ソ連／フランス	三〇機
12、ミルスキー	フィンランド	四六機

注　期間は一九三九年一一月～一九四四年九月

第16章　トルコ人と戦争

善戦した第一次世界大戦

日本からもっとも遠く離れたアジアの国が、ここに紹介するトルコである。

このイスラム教国はアジアとヨーロッパの接点にあり、古い伝統を残す町並と、欧亜混血の美しい女性で知られている。

国土面積は七八万平方キロで我が国の約二倍、そして人口は六〇〇〇万人とちょうど半分である。

人種的にはトルコ人が約九〇パーセント、残りがクルド人とアルメニア人で、これが後に述べるように混乱の原因にもなっている。

トルコは一九〇四～〇五年の日露戦争以来、日本に強い親近感を持ち、したがって同国の対日感情はきわめてよい。

このトルコの人々と戦争との係わりあいについて、種々の面から調べていくことにしよう。

といってもあまりに古い歴史には触れず、第一次世界大戦（一九一四～一八年）以来のこの国の戦いぶりを見ていくことにする。

ほとんど知られていないが、第一次大戦のさいトルコはドイツ、オーストリア／ハンガリー側について参戦し、最終的には敗れるものの善戦する。

ドイツ側についた最大の理由は、露土戦争（ロシア対トルコ戦争、一七六八～一八二六年、四回にわたって続く）で敗れていたためであろう。

同盟国ドイツがロシアと戦うならば、古来ロシア嫌いのトルコとしては否応《いやおう》なく参戦した。

しかしながら当面の敵は、はるばる地中海を渡ってやってきたイギリス軍である。

イギリスの大艦隊、そして大上陸軍と、トルコは地中海および黒海を結ぶボスポラス、ダーダネルスのふたつの海峡をめぐって激戦を展開するのであった。

それにしても当時のイギリスは、世界中のどこへでもその触手を伸ばそう、伸ばそうとしていた。

南はフォークランド／マルビナス諸島、東は香港、カムチャッカ、そしてユーラシア大陸ではアフガニスタン、アフリカ大陸では南アフリカ、中東ではイラン、イラク、そしてヨーロッパとアジアの接点であるトルコ。

まさに、南北アメリカを除く世界のすべてを手中におさめようとする勢いである。そしてそのかなりの部分が成功していた。

大体、第一次大戦においてもトルコがイギリス本土を攻撃する恐れなど、全くなかった。万一、地中海を西に進もうとしたところで、フランス、イタリアはイギリス側に立っているのだから、とうてい不可能である。

それでもイギリスはジブラルタル、アレクサンドリアから大軍を仕立てて、トルコに攻め込もうとはかったのである。

前述のふたつの海峡を手に入れれば、黒海は自分のものになり、ロシアと協力できると考えたのであろう。

このような理由からトルコは、来襲した世界最強の軍隊と戦わざるを得なくなってしまった。

一九一五年初頭、イギリスそしてフランスはダーダネルス海峡とガリポリ（トルコ語ではゲルボル）半島の奪取を目的に、戦艦二三隻、上陸部隊一〇万人を持って攻撃を開始する。

これに対してトルコ側は八万人の兵力、大砲兵部隊、そして濃密な機雷原により迎撃する。

このさいのイギリス戦艦部隊とトルコの要塞砲の砲撃戦は、史上稀に見る激しさであった。

しかし狭い海峡を進む英艦隊と、山上の陣地からそれを狙い射ちするトルコ砲兵隊とでは、後者が圧倒的に有利といえた。

さらに海峡を埋め尽くすほど敷設された機雷はきわめて有効で、三月一八日にはイギリス、フランス戦艦三隻が沈没、三隻が大破するほどの損害が出ている。

もちろん、陸上からの砲撃も凄まじく、イギリス艦隊もこれにより退却するほかなかった。

一方、ガリポリ半島の戦闘でもトルコ軍の健闘が目立っていた。

一応上陸に成功したイギリス軍（一部フランス軍、のちにオーストラリア、ニュージーランド軍も）だが、その後の連絡がうまくいかず、同じ地点にとどまっていたためトルコ軍は兵力を集中してこれを迎撃、大きな戦果を挙げている。

戦いに慣れたイギリス軍は全滅するには至らなかったものの、それ以上橋頭堡を拡大することは無理であった。

トルコ側の指揮官ケマル・パシャ（のちにケマル・アタチュルクと改名）は、ガリポリをめぐる戦闘で見事な手腕を発揮した。

結局、一年近い激戦の末、イギリスはこの地から撤退していく。

その人的損失はなんと二三万人を数え、二四年後のダンケルクの敗北に匹敵するものとなった。これに対しトルコ側の損害は六万人にとどまっている。

ガリポリの戦いこそ、アジア人のヨーロッパ人に対する久々の勝利であったのである。

第一次世界大戦に敗れはしたものの、トルコの国民はこれにより大きな自信を得た。

戦後に至ると、ギリシャ、イギリス、フランスなどがトルコに進駐してくる。

しばらく忍従の時代が続いたが、一九二二年、ケマルはまず駐留ギリシャ軍をゲリラ戦術で駆逐し、すぐのちにこの現実を目の当たりにした英仏軍も本国に引き揚げるのであった。

ここにオスマン帝国が消え、新生トルコ共和国が誕生する。

イギリス、フランス軍と比較した場合、訓練、装備とも大きく劣っていたトルコ軍が、ダーダネルス、ガリポリの戦いでこれを打ち破った要因をどこに求めるべきであろうか。

ケマルの優れた指揮、防衛のための準備期間、地の利、ドイツからの軍事、技術援助があったことなどもあろうが、やはりもっとも大きかったのは祖国防御のために国民が力を合わせた結果と言えるだろう。

朝鮮戦争へも派兵

今でこそトルコの領土はそれほど大きくはないが、一三世紀から六五〇年近く続いたオスマン（トルコ）帝国の時代、それは広大なものであった。

統治地域、従属国まで含めると、東ヨーロッパ、北アフリカ、アラビア半島、ペルシャに及んだのである。

この頃のオスマン帝国の軍隊の強さは、個々の戦闘員の資質と優れた兵器にあった。

後者は地中海を我がもの顔に走りまわる軍艦（帆走、人力併用）と口径の大きな大砲に代表される。

スペイン海軍との歴史的な大海戦（レパントの海戦、一五七一年）に敗れるまで、トルコ海軍は世界最強と謳われた。

この敗戦のあともオスマン帝国は生き延びるが、トルコ人たちの兵器製造技術は徐々に下火になっていく。

そしてまた黒海、アドリア海、地中海の制海権も二度と手中におさめることはできなかった。

かつて優れた軍艦、大砲を大量に造っていたトルコだが、その後現在に至るも兵器の開発、製造に関しては全く低調といってよい。

朝鮮戦争で戦闘中のトルコ軍砲兵部隊

第一次大戦のときにも、使用した兵器は自国で造ったものは少なく、大部分はドイツから供与されたものであった。

唯一の戦艦ヤウズも元はドイツ艦ゲーベンであり、運用もドイツ人にまかせていた。

このトルコ軍の保有兵器の性能については、次のようなエピソードが残されている。

反共を国是のひとつとする同国は、朝鮮戦争（朝鮮動乱一九五〇〜五三年）のさいには五〇〇〇名の兵士を派遣し、国連軍の一翼を担って戦った。

兵員数から言えばフランスより多く、イギリスと肩を並べる戦力である。

そのうえトルコ兵たちはきわめて勇敢で、多くの悪条件を克服し、多大の戦果を得ている。

それがあまり知られていないのは、いずれの記録もトルコ語で書かれているため、日本をはじめ、欧米の記者、研究者もそれが読めないという理由からなのである。

朝鮮戦争におけるトルコ陸軍の勇戦敢闘ぶりは、その戦死者数からも証明される。

ともかくイギリス軍の六五〇名に対し、トルコ軍のそれは九三〇名と一・四倍なのである。

つまり国連軍の中で韓国軍、アメリカ軍の次にくることからも、これは明らかであろう。

その一方で、アメリカ軍の報告の中には、トルコ軍の使用している兵器があまりに旧式なことに驚いたとする記述も見られる。

一九五〇年代の戦争であるのに、機関銃などの自動火器が非常に少なく、かえって北朝鮮軍、中国軍の方が近代化されていたとのことである。

この事実はやはり、第一次大戦以後のトルコという国の国力低下を如実に表わしているというほかない。

トルコ空軍が配備するアメリカ製戦闘機Ｆ16ファイティング・ファルコン

これを知ったアメリカは、その後軍事援助を増大するのであった。

近年の紛争の数々

さて前述の朝鮮戦争以来、これといった大戦争を経験せずにきたトルコだが、最近その周辺は急激にキナ臭くなってきている。

まず、国内に一〇〇万人、隣接するイランに四〇〇万人住んでいるといわれているクルド族との紛争である。一九九七年の秋には、兵員二万人、戦車二〇〇台、航空機一〇〇機を繰り出して、クルド人最大の組織ＰＫＫ（クルド労働党）の壊滅作戦を行なった。

これに対して、国家を持たないクルド人たちはゲリラ戦で対抗し、いまだに結着はついていない。

次は数百年にわたって続いているギリシャとの対立である。

地中海に浮かぶキプロス島の分割統治を引き合いに出すまでもなく、トルコ、ギリシャは犬猿の仲で、これまで何回となく小競合いを繰り返してきた。

一九九八年の春には、エーゲ海で両国の艦隊が睨みあい、NATO（北大西洋条約機構）とアメリカが慌てて仲介に入る有様であった。

さらにトルコはもうひとつ、大きな問題をかかえている。それは国内で台頭しつつあるイスラム原理主義者との対立／妥協の構図である。

トルコ政府はこのところの半世紀――国民の九割がイスラム教徒であるから――この宗教との融和政策をとってきた。

しかし、あまりにイスラムの掟に忠実であると、やはり西欧式の近代国家としての発展に障害が出てしまう。

これはトルコに限らず、あらゆるイスラム国家に共通した悩みといえる。

そのため、軍部を中心としてイスラム教抑制の動きが強まり、その一方でそれに反発するグループも次々と登場している。

すでに熱心なイスラム教徒による、進歩的知識人の暗殺事件も起こっており、逆に軍人による弾圧も珍しくない。

このまま進めば、対立は激化の一途をたどり、最悪の場合には現在のアルジェリアのような悲劇につながる可能性さえある。

アルジェリアの軍部とイスラム教徒の紛争はすでに内戦に近い状態で、年間の死者は一万人を超えるとも伝えられているのであった。

対クルド族、対ギリシャの紛争の場合、トルコ国民は一致して政府を支持するのは間違いない。

しかし三つ目の、イスラム教の取り扱いとなると意見は大きく割れる。すでに述べたように国教がイスラムなのであるから、政府、軍部もこれを無視することは出来ない。

しかし、ヨーロッパに隣接する国において、女性に対しヴェールの着用を強制するといった少々時代錯誤の行為がエスカレートするのはマイナスであるとの気運もたしかに存在する。

このあたりの兼ね合いが、なんとも難しいところなのであろう。

これまでのところトルコは、政教分離を唱えイスラム教と国家の近代化をうまく釣り合わせてきたが、その勢力が拡大するにつれて、摩擦はますます激しくなるものと思われる。

しかもこれを押さえる手段は全く考えられず、それがトルコだけではなくエジプト、イランをはじめとする多くの国の悩みのタネとなっているのである。

著者の私見ではあるが、二一世紀の世界の紛争の大部分は、

㈠、人口の爆発的増加と、それに伴う食糧の不足

㈡、イスラム教の台頭による、西欧文明との摩擦と軋轢の拡大

によって引き起こされると思われる。

アジアの最西端の、そして古くから親日的な国トルコの将来が平穏であることを祈るばかりである。

トルコ人とトルコ軍のエピソード

その1　戦争に明け暮れている国

激動の連続であった二〇世紀も終わりを告げたが、ヨーロッパとアジアに挟まれた国にとってもこれは同様であった。

一九、二〇世紀のトルコは初めから終わりまで戦争、紛争と縁が切れなかったのである。ここではあまり知られていないこれらの戦いの跡をたどり、その中からトルコ民族の素顔に迫ってみたい。

この国が近代国家の仲間入りをしたのは、一九二〇年四月〜二三年一〇月にかけてのトルコ革命のあとのことである。

それ以前について言えば、次から次へと呆れるほど戦争に明け暮れていたという他はない。一八五〇年以後だけを見ても、クリミア戦争を皮切りに第一次世界大戦の終わりまで連日のごとく戦争の渦中に身を置かざるを得なかった。

戦った相手国の数を見ても、主なものだけでなんと一〇ヵ国にのぼるのである。

当時も今もバルカン半島、黒海、エーゲ海、アドリア海の周辺地域には常に硝煙の臭いがたちこめている。

このように複雑に絡みあった民族と宗教、そして国家というものを持たない人々の存在が紛争、混乱を引き起こしてきた。

なかでもトルコという国は、比較的まとまって時をすごしてきたが、その歩みは平坦なものではなかった。

オスマントルコの全盛期には周辺を圧する軍事力を有していたものの、それは永く続かず、

近・現代におけるトルコの戦争

クリミア戦争	1853年3月～56年3月	トルコの一応の勝利
トルコ／セルビア戦争	76年6月～77年12月	トルコ、セルビアを破るがロシアが参戦
トルコ／ロシア戦争	77年12月～78年1月	トルコの敗北
トルコ／ギリシャ戦争	97年4月～同年5月	ドイツの支援がありトルコの勝利
トルコ／イタリア戦争	1911年9月～12年10月	リビアをめぐる戦いでトルコの敗北
第一次バルカン戦争	12年10月～同年12月	トルコ、バルカン同盟軍に大敗北
第二次バルカン戦争	13年6月～同年7月	トルコ、勝者の側に立つ
第一次世界大戦	14年7月～18年11月	トルコ敗北、しかし実質的な損害少なし
トルコ／ギリシャ戦争	19年5月～22年9月	ギリシャの侵攻をトルコが撃退
この間トルコが交戦した国：ロシア、ギリシャ、イタリア、イギリス、フランス、アメリカ、ブルガリア、セルビア、モンテネグロ、マケドニア		

苦しい戦いを強いられたのである。人口から言えば決して少ない国ではないが、どうもそれが国力、軍隊の強さとは結びつかない。

もともと隣国であるロシア、イタリアには勝てないにしろ、ギリシャ、バルカン諸国相手であればもう少し有利に闘えたはずである。

それではさっそく、この例を二度の対ギリシャ戦争により実証してみよう。

エーゲ海をはさんだふたつの国トルコとギリシャは古代から延々と闘い続けてきている。

それはまたイスラム教とギリシャ正教、アジア人とヨーロッパ人の対決とも言える。

近現代に至るもこの対立は激化するばかりで、一八九七年、一九一九年と二回にわたってふたつの国は本格的な戦争を闘った。

そして前者ではトルコは大敗し、後者では侵入してきたギリシャ軍をようやく撃退するという形になっている。

つまり引き分けであり、トルコにとっては勝利とは言えなかった。

しかし次に示すように、人口、兵力から見るかぎり両国の差はきわめて大きい。人口で六～七倍、総兵力で三～四倍、トルコ側が優勢なのである。

	トルコ	ギリシャ
人口	四四六〇万人	六八〇万人
総兵力	七〇・〇万人	二四・〇万人

注・二〇世紀初頭の概数

人口	六三〇〇万人	一一二〇万人
総兵力	五六・〇万人	一五・九万人

注・一九九六年

それでいながら、トルコはギリシャとの戦いに勝利できないままであった。この理由を一体どこに求めればよいのかよくわからないが、次のふたつは当たらずとも遠くあるまい。

㈠、かつてのトルコがいわゆる近代国家ではなく、国の組織、軍隊の構成、装備、訓練といった面で劣っていたこと

㈡、イスラム国家の通性として、科学技術、軍事技術への関心が薄く、また最新兵器を保有しても使いこなせなかったこと

が挙げられる。

著者は決してイスラム教と科学技術の密接な結び付きを否定するものではないが、

イスラエルとアラブ諸国の幾多の戦争
一九九一年の湾岸戦争
を振り返ると、やはり先の事実が浮かび上がるのである。
最新兵器の威力がそれほど発揮されない地上戦闘ならいざ知らず、それ以外の形の戦いとなると、イスラムの国の軍事力と欧米先進国とのそれの間に格段の差が存在する。
これは海上輸送力についても同じで、それ故トルコはギリシャに敗れたのだろう。

その2　弱体のまま第一次世界大戦に参戦したトルコ海軍

別表のごとく一九一一年、この国は北アフリカのリビアをめぐりイタリアと戦った。

これは伊土（土はトルコの当て字）戦争、トリポリ戦争などと呼ばれ約一年にわたって続く。

この戦いはイタリア、トルコとも本国が敵軍によって脅かされる状況にはならなかったが、リビア、ロードス島、ドデカネーズ諸島などでいくつかの激戦が行なわれている。

結論から言えば、どの戦いでもトルコは敗れ、先に掲げた地域、島々のすべてを失った。

当時、同国にはバルカン戦争の危機が迫っていたので、これは仕方のないことかも知れない。

ところがその後の第一次、第二次バルカン戦争を経て、一九一四年一一月には同盟側（ドイツ、オーストリア／ハンガリー）に立って第一次世界大戦に参戦する。

これによってトルコは北にロシア、西にイタリア、その背後のイギリス、フランス、のちにアメリカと戦わなくてはならなくなった。

いずれの国も強力な海軍力を有し、いつでも地中海経由でトルコを圧迫することができる。その事実がわかっていながら、迎え打つ同国海軍の戦力は見るに耐えないものであった。なんと近代的な戦艦、巡洋艦は一隻もなく、軍艦の大部分は一八八〇年代に造られた旧式艦ばかりである。

たしかにイギリスに戦艦一隻、巡洋戦艦一隻、巡洋艦二隻を発注してはいたものの、それが到着しないまま開戦に至ってしまった。

前述の国々——そのすべてがいわゆる列強である——の海軍力については充分把握していたはずなのに、これはどうしたことなのであろうか。

地中海はともかく目の前に広がる黒海の制海権を考えるだけでも、この状況は不可解のひと言に尽きる。

繰り返すが、トルコが何度となく戦ったイタリア、ギリシャ、ロシアとの戦争では、海軍力がその勝敗をきめる鍵となっていたのである。

いずれの紛争も、互いの本国に大軍を送り込んで雌雄《しゆう》を決するという形ではない。いってみれば海外の植民地、周辺の島々、領土の一部の奪い合いなのである。

当然地中海、アドリア海、エーゲ海、黒海が戦場となり、したがって海軍力の大きさがもっとも重要であった。

ところが最初から最後まで、前述のごとくトルコ海軍は近代的な戦艦を一隻も持てなかったのである。

もちろん自国での建造は夢でしかなく、そうであればそれぞれの海域での制海権の掌握など不可能としか言いようがない。

考えてみれば、これで第一次大戦に参加したこと自体信じられないのである。

大戦中のトルコは、ガリポリ半島、ダーダネルス海峡の戦いを別にすれば、ほとんど脇役を努めただけであった。

そして休戦／敗戦後に失ったものはかなり大きく、また大戦に参戦した目的、動機、意図なども全く不明のままである。

しかも歴史書はこれについてほとんど何も語っていない。

結論として一九世紀の後半から一九二〇年代に至るまで、トルコという国と国民は絶え間なく戦乱の中に身を置き、それも戦わなくともよい戦争を戦ったのである。

第17章　イスラエル人と戦争

戦い続けてきた民族

兵員数、兵器の質、そしてその数が同じと仮定した場合、もっとも〝戦い〟に適した民族というのは果たして存在するのであろうか。

これはその民族、国民が〝戦争好き〟といったこととは全く無関係である。

誤解のないように最初におことわりしておくが、ここでこの話題を取り上げたのは、ある民族を「戦争に向いている」と断定するためではもちろんない。

ただ現実の問題として歴史を振り返ったとき、それぞれの民族、あるいは国民の戦い振りに大きな違いがあったというだけのことなのである。

第二次大戦後の世界を見渡したとき、常に戦い続けてきたのは、間違いなくユダヤ／イスラエル人であった。

旧約聖書によると、彼らは五〇〇〇年にわたって流浪の民であったが、一九四八年にいたり、ようやく中東に〝約束の地〟イスラエルの建国に成功する。

ひとつの民族、人種が自分の属する国家をもっていないという悲劇は現在でも続いており、その最大の例はトルコ、イラン、イラクに住むクルド人である。その正確な人口さえいまだにはっきりせず、二〇年ほど前には約四〇〇〇万人といわれたものが、一九九五年の国際連合の推測では、その六倍まで膨れ上がってしまった。

さて、イスラエル建国から約半世紀、一応安住の地を得たユダヤ民族であるが、その一方で彼らはアラブ世界の一角に拠点を築き、必死にそれを守ってきたという見方もできる。

アラビア半島の北端に位置するこの国の面積はわずかに二・二万平方キロ（九州の三分の二）、人口は四八〇万人（一九九六年）である。

ところが周囲はすべてアラブ人国家であり、その総人口は八〇〇〇万人といわれている。イスラエルの建国以来、ともかく彼らはまさに四面楚歌の中で生き抜いてきた。したがって、少しでもその存在を脅かす者があれば、全国民が一丸となって戦ったのである。

万一、イスラエルという国がなくなれば、ユダヤ民族は否応なしに再び流浪の身とならざるを得ない。

この意識は国民の一人一人にまで強く染み込んでいたから、指導者の命令を待つまでもなく、戦争となればほとんどすべての男性は自らの意志で前線に出かけていった。

民族の存亡を賭けた戦い

なかでもユダヤ民族の団結がもっとも強く示されたのは、同国の建国、独立戦争である。

敵対するのは人口三〇〇〇万のエジプト、同七〇〇万（共に当時）のシリア、そして約二〇〇万人のパレスチナ人であった。

このときのユダヤ人の数はわずかに二四〇万人であったから、彼らは二〇倍の相手と闘いながら、国家の建設に取り組んだことになる。

またユダヤに対する支配権を行使しようとするイギリスの干渉もあって、苦しい闘いが続いた。

アラブ側とちがい満足な武器もなく、手榴弾のかわりに急造の火炎ビン、戦車のかわりに運転台に鉄板を溶接したトラックが使われた。

最初にユダヤ側が入手したM４シャーマン戦車四台は、フランスのスクラップ置場から持ち出されたものといわれている。

また爆弾の代用として、爆発すれば音だけはかなり大きな炭酸ガス入りの飲料水のビンが、パイパー・スーパーカブ軽飛行機からアラブの歩兵部隊に向けて投下されたことさえあったのである。

エジプト、シリア、パレスチナ側の戦術が稚拙で、また士気が必ずしも高くなかったおかげもあって、ユダヤ人たちはなんとか勝利を掴み、またようやく〝祖国〟なるものを手中におさめた。

この独立戦争は、第一次中東戦争とも呼ばれ、一九四八年五月から翌年一月まで続き、一万人のユダヤ人が戦死している。

この数はきわめて少ないように感じられるが、総兵力の一〇パーセントを上まわったのである。

民族の存亡を賭けたこの戦争で、イスラエル人は歴史上もっとも勇敢に闘った。ヨーロッパにおいて常に迫害、差別されてきた五〇〇〇年の鬱憤《うっぷん》を、一挙に晴らそうとするような闘いぶりであった。

アラブ軍の戦車に対して、爆弾を抱えたユダヤの若者が肉弾攻撃を行なうことなど、決して珍しくはなかった。

海外、特にアメリカ在住のユダヤ人たちの経済的な支援もあって、一九四九年中にはイスラエルの存在は――多くの危機を内包しながらも――確立されたのである。

圧倒的な勝利

これ以後、

・第二次中東戦争　一九五六年一〇～一一月

・第三次　〃　一九六七年六月

とイスラエルは、苦戦の続いた前の戦争とちがって、周辺のアラブの国々の軍隊を易々と打ち破ってきた。

特に六日間戦争と呼ばれた第三次戦争のさいには、南、東、北の三正面作戦を同時に実施し、アラブの大国エジプトの軍隊に大打撃を与えている。

この戦争の死傷者数はイスラエル一に対し、アラブ四、また兵器の損失は一対一〇以上にのぼり、イ軍の圧勝となった。

その結果、イスラエルの南西に位置する広大なシナイ半島のすべてを手に入れ、同国の安全はほぼ確実になったのである。

一九七〇年代に入ると海外から流入するユダヤ人の数が増え、国の存在は揺るぎないものとなりつつあった。

第三次中東戦争で撃破されたシリア軍のＴ34戦車

しかし、第三次中東戦争は、冷静な眼でみると同国の軍隊の力が最大に発揮された紛争であったことがわかる。

イスラエル軍（正確にはイスラエル国防軍／ＩＤＦ）を率いて闘ったのは、建国のとき、またその後の国造りに死にもの狂いで働いてきた人々であった。

そのあとも時は休むことなく流れ、世代も確実に変わりつつあり、この戦争を境に、

「自国の存在は当然である」

と考える若者たちが増えてくる。

彼らが祖国を愛しているという点については疑う余地のない事実ではあろうが、第一世代に比べると危機感が稀薄になったのはこれまた仕方のないことといえる。

すでに存在していた祖国に生まれ、もはやそれが消

滅するといった恐れは考えられないのである。

生活は豊かであり、周囲には物が溢れ、娯楽にもこと欠かない。いくら先の世代の人々が、国家の生存権、国防の重要性を説いても、その説得力は少しずつ減衰していきつつあった。

もちろんそれでも他の大部分の国と比べれば、まだまだ高い〝愛国心〟を持ってはいるだろうが、それさえも建国に向けての闘志ではない。

一九世紀からの半世紀、シオニズム（祖国回復運動）の中心にいたユダヤ人こそ、ある意味からは史上最強の〝戦士〟であったのである。

そしてその力は独立戦争のさい、もっとも明確に表われたのであった。

またその後も、第一次中東戦争の教訓を活かして、乏しい予算の中から既製のものを改良した高性能の兵器を次々と開発していった。

M4シャーマン改造のI《アイ》・シャーマン戦車、ミラージュ改造のクフィール戦闘機など、この面ではユダヤ民族の理科学系の才能が十二分に発揮されている。

また旧西側陣営で広く使われることになるウージ短機関銃も、すぐに誕生するのであった。

これらに加えて、「兎《うさぎ》の如く長い耳と、狐《きつね》の如き狡猾な頭脳を持つ」と称された情報機関モサドも、同国の安全に寄与していた。

崩れた〝無敵〟神話

それでもなお時間の流れは恐ろしく、国民の無限の緊張がいつまでも続くというわけはなかった。

この時までほとんど失敗をおかさず、戦争に勝ち続けてきたイスラエルも、一九七三年一〇月の第四次中東戦争では、緒戦に大敗北をきっする。

フランスのミラージュ戦闘機を改造したクフィール

充分に準備を整え、旧ソ連の供与した対空、対戦車ミサイルを大量に装備したエジプト軍がスエズ運河を越えてシナイ半島に侵入した。

一〇月六日からの五日間に、これを迎えうったＩＤＦ（イスラエル国防軍）は戦闘用航空機の二〇パーセント、戦闘車両の一五パーセントを失う。

またモサドは、エジプト軍の集結状況、攻勢の時期、そして新しい戦術を全く察知できなかった。

このような第四次戦争の実状を知ると、先に述べたイスラエルの国防力の低下を如実に感じとることができる。

二週間後、ＩＤＦはアメリカからの武器、兵器の補給を頼りに反撃に転じ、なんとかこの戦争を引き分けに持ち込んだ。

それにしてもイスラエルの首脳は、第四次戦争によって自国の力の限界——そして同時にそれはアラブの軍事力の増大を意味する——を悟らされた。

また少々厳しい見方になるが、世界に広く流布していた無敵のイスラエル軍といった神話も、ここに終わりを告げたのである。

拡張主義のきざし

それが原因のすべてではないだろうが、この後の中東の状勢は大きく変化する。間もなくアメリカの仲介（キャンプ・デービッド会談）により、エジプトとの間で和平が成立した。

イスラエルが占領していたシナイ半島の全面返還のかわりに、アラブ最大の国家がイスラエルの存続を認めたのであった。

以後もパレスチナ独立組織のPLO、およびそれを支持するシリア軍との小競り合いは続くが、すでにイスラエルの危機は完全に去った。

一九八二年六月から七月にかけて、IDFはPLO排除の目的で隣国レバノンに侵攻する。当然、PLOおよび駐留していたシリア軍との闘いとなるが、これが中東における実質的に最後の大規模な武力衝突となった。

中東の現代戦争史に興味を持つ者として、著者は第三次戦争終結以来、イスラエル人の兵士としての資質に変化があるような印象を受ける。

それをはっきりと言い切る自信はもちろん無いが、兵士（同国の場合、そのほとんどは一般の市民）の国家に対する愛国心そのものが低下したのではないかと思われる。

建国、独立、そして国家の存続が問われた時期において、ユダヤ／イスラエルの人々は明確な目的を持っていたため、真摯に闘い続けた。

パレスチナ、アラブ人の捕虜に関しても、少なからぬ敵意を抱きながらも正当に扱ったといわれている。

しかしここ一〇年ほどの紛争においては、捕虜への虐待がたびたび問題になっている。

この状況はイギリス、フランスのテレビ局のクルーの撮影したフィルムによって、世界に報道され、大きな国際問題に発展した。

これまでの政権は、PLOの弱体化を見越して国土の拡大——それはパレスチナ人の土地収奪に直結しているが——に力をいれている。

まさにイスラエルの増長、おごり、力による拡張主義とは言えないだろうか。

このような様相こそ、かつての日本を思い起こさせる。

国家の存亡がかかった日露戦争において、明治維新を終えたばかりの我が国は、勇気を持ち、国際法を厳格に守り、強敵ロシアを完璧に打ち負かした。

捕虜の処遇においてもそれは一点の曇りもないものであった。まさに当時の日本は最強の軍隊を有していたのである。

ところが、その後の増長ぶりと近隣諸国に対する行動は決して首肯《しゅこう》されるものではない。

現在のイスラエルとその政策を遠く極東の地から眺めたとき、日露戦争後、急速に変化していった日本の状況が重なり合うのである。

かつての建国の理想からすこしずつ乖離《かいり》し、軍事力を頼りにした拡大主義ばかりが目立つ。

これではいつか軍隊はその価値が問われ、また国際的な非難を浴びるのは避けて通れない。

軍隊の真の強さとは結局のところ、本当に国民のために存在しているのか、その行動が国民のみならず、国際的に承認されているのか、というところにある。

したがってIDFの戦力は、多くの新兵器の数の増強とは別の面で弱くなりつつあると思われるのだが……。

ユダヤ人とイスラエル軍のエピソード

その1　危機が去れば軍隊は弱体化する

第一次中東戦争から第四次中東戦争まで、イスラエルはいくつかの失敗を重ねながらも、アラブ諸国連合軍に対して圧倒的な勝利を収めていた。

それはまさに圧倒的と呼ぶべきもので、人口四〇〇万人前後の小さな国家が、周囲の四ヵ国を併せると約一億人の人口を持つアラブ諸国の重圧を跳ね返してきたのである。

確かにイスラエルとしては、一度でも戦争に敗れれば国が消滅する可能性があった。こうなれば否応なく、国民が一丸となって戦うより方法はないのである。

少なくともイスラエルの人々はそのように考えて、国の存亡イコール自分たちの生存権と考えていた。

イスラエル軍の強さの理由を一つ挙げるとすれば、このことに尽きるであろう。またそのために、イスラエルは手段を選ばなかった。

例えば、一九六七年の第三次中東戦争に際しては、宣戦布告もせずエジプト・シリアなどに奇襲攻撃を掛けている。加えて同時にアメリカの支援を頼りに広大なエジプトの領土を占領した。

さらに、敵対するイラクが原子力施設を建設し始めると、国際法を無視してそれに爆撃を加える。つまりイラクの原子力施設が核兵器を製造する可能性を、事前に消滅させたのである。

イスラエル国産の主力戦車メルカバと同軍の歩兵

当然のことながら、イラクはれっきとした独立国であるから、この攻撃は国際的に糾弾されなくてはならない。

イスラエル自身が数、威力とも不明ながら核兵器を保有していることは周知の事実である。国の大小は別として、自分が核兵器を持っていながら周辺諸国がそれを持つことを許さないという言い分に賛成する人々は少ないであろう。

しかし、このように有無を言わせず、必要と思うことを実施するのがイスラエルの強さと言っていいのではないか。そして、求めるところは強大な軍事力に頼る自国の安全である。

この主張は、二〇世紀の全般にわたってイスラエルの国民に圧倒的に支持されてきた。

ところが一九九二年のエジプトとの平和協定、いわゆる「キャンプ・デービッド合意」のあと、多少雰囲気が変わってきている。

この合意によって、アラブの中では人口、国力からいっても頂点に位置するエジプトから生存権が保証された。

つまり国境での小競り合いが続いたとしても、ユダヤ人国家イスラエルを滅ぼそうとするアラブ諸国は皆無になったと言ってもよい。

唯一、PLOの強硬派を中心とする反イスラエル運動は続いているが、それは決して国家の存在まで揺るがすものではなくなっている。

この状況が明確になると国民の意識に変化が起きた。それまで国家の安全に全力投球することに疑問を感じなかった若い層が、別な生き方を求めたのである。

豊かな生活を望み、必ずしもイスラエルという小さな国の中で生きていくのを望まなくなった。

こうなると、徴兵制自体にも疑問が生まれ、軍隊に入ることを拒否する若者たちや、総予算に占める軍事費が大きすぎるといった声も出てくるのである。

そして、それは明らかに国力の弱体化へつながっていく。しかし、それもまた良いのかもしれない。

国際的に国家の生存権が保証されれば、それほど強力な軍事力は必要ないからである。

同時に兵器自体も攻撃的な性格を潜め、防御中心のものに変わりつつある。

例えば、中距離用のミサイルの開発を打ち切り、日本やアメリカのＴＭＤ・戦略ミサイル防衛に近いシステムの開発に力を入れるようになる。

イスラエル国防軍の発表によると、アメリカに先駆けて弾道ミサイルの迎撃を可能とするＡＡＭの開発に成功したとのことである。

この能力がどの程度のものか全く分からないが、国際情勢の変化に伴いイスラエルの姿勢が変わってきたこと自体は、万人が認めるところであろう。

その２　必要とあらば手段を選ばぬ軍隊

周囲をアラブ人の国家に囲まれているユダヤ人国家イスラエルは、その生存のためにはまさに手段を選ばず戦ってきた。

ともかく国際法、相手国の思惑などは全く無視することも珍しくはなかった。

一部に重複するが、その典型的な例をふたつ掲げておく。

㈠　一九八一年六月七日
　バグダッドの原子力施設爆撃

イラン／イラク戦争が続いているさなか、イスラエルは一六機の戦闘爆撃機を投入して、イラクの首都バグダッド郊外に建設中の原子力施設を攻撃した。

しかもこのさい、ヨルダン、サウジアラビアの領空を明らかに侵犯している。

イ空軍機は原子炉に対して特殊な爆弾を用い、頑丈な建屋もろとも完全に破壊した。

㈡　一九八五年一〇月一日
　チュニスＰＬＯ本部爆撃

政治、軍事的圧力によりパレスチナ解放機構ＰＬＯは故郷を離れ、遠くチュジニアの首都チュニスに居を移していた。

ところが、イスラエルはPLOがテロ活動を続けているとして、この本部の爆撃を実施した。

パレスチナ人組織を受け入れているチュニジアがれっきとした独立国であるにもかかわらず、イ空軍はそれを気にすることなく爆撃機を送り込んでいる。

この爆撃によってパレスチナ人、チュニジア人百数十名が死傷したが、イスラエル軍機に損害はなかった。

このふたつの爆撃事件は世界中に衝撃を与え、イスラエルへの非難の声が湧き上がった。どう考えてもこれは当然であろう。

宣戦布告も、また直接戦闘行為に至っていない国を、予告もなしに攻撃したのであるから……。

まさに必要とあらば、どのような手段でも遂行するのがイスラエル国防軍である、といった証明とも言える。

加えてこのふたつの爆撃事件は、また三つの事柄を明らかにしている。

㈠、明確な国際法違反であり、戦争行為であったにもかかわらず、国際連合、国際世論はこれに対して処罰、制裁をなし得なかった。

この面から、国連の無力さが表面化した。

㈡、実際に爆撃された国イラクとチュニジアは、イスラエルに報復しないままであった。

これは軍事力の差が大きすぎたためであろうか。

さらに領空侵犯されたヨルダン、サウジアラビアも文書による抗議を行なっただけであった。

また二ヵ国とも侵犯に対して迎撃しなかった、あるいはできなかったようである。

㈢、純軍事技術的に見るかぎり、イスラエル空軍の計画作成、実施能力は素晴らしく、世界最高の技量を有していることが明らかとなった。

バグダッド攻撃では往復一七〇〇キロ

チュニス攻撃では往復一九〇〇キロ

の爆撃行を軽々とこなし、目標を破壊、しかもどちらの場合にも損失は皆無であった。

加えて原子炉を破壊するための特殊爆弾の製造に当たっても、きわめて高い技術力を示した。

また、イスラエルの戦争に対する徹底性が強く打ち出された。

当時同国はすでに核兵器を保有していたと思われるのに、イラクには核兵器製造の可能性を許さなかったのである。

このような非情の現実が存在する事実を、我々は常に忘れるべきではない。

その3　旧式、弱体な兵器の能力向上

現在でこそ、最新の兵器を揃えているイスラエル国防軍だが、第一次は言うに及ばず第二次、第三次中東戦争の頃には旧式、弱体の兵器で戦っている。

敵対するエジプト（当時はアラブ連合）、シリアなどについては、旧ソ連から強力な航空機、戦闘車両、重火器が続々と届けられ、その分危機感が高まりつつあった。

アメリカからの援助もあるにはあったが、決して充分と言えず、イ軍は頭を悩まし続ける。

そしてその結果生まれたのが、兵器の改造と改良であった。

これは主として戦車、装甲車を中心に進められたが、当然戦場が砂漠、平原であることによっている。

この点に関しては、アメリカも成し得なかったほど、優れた技術力を見せつけた。

そのいくつかの例を次に示す。

○第二次大戦中から使われていたアメリカ製旧式のM4シャーマン戦車　七五、七六ミリ砲搭載　三八トン

○フランス製の小型戦車AMX13　七五ミリ砲搭載　一三トン

は、アラブ軍がソ連製のT54／55戦車（一〇五ミリ砲、三八トン）、Su一〇〇自走砲（一〇〇ミリ砲、四二トン）を主力としていたため、これを撃破することは難しかった。

しかし、イスラエルの技術者たちはこの事実を知るとすぐにこの旧式、弱体の兵器の改造に取りかかる。

そして完成したのが、

○一〇五ミリ砲装備のI《アイ》・シャーマン戦車

○九〇ミリ砲装備のAMX13／90

である。

I《アイ》の意味はエンジニアが誇りを持って名付けた〝イスラエル・シャーマン〟の意味なのである。

この頃、アメリカ陸軍の主力戦車であったM48パットンは、まだ九〇ミリ砲であり、主砲の威力としてはI・シャーマンより劣っていた。

旧式のＭ４戦車に105ミリ砲を搭載したＩ・シャーマン

戦車の改造にはかなりの技術力が必要であるが、イスラエルは軽々とこれを実現した。

さらに第三次、第四次中東戦争のあと、同国の技術陣が思いもかけない方法で、外資を稼いだ実態は意外と知られていない。

ほとんど無傷でアラブ軍から捕獲したT54／55、T62戦車二〇〇～三〇〇台を完全に整備し、かつ主砲の照準器などをイスラエル製のものに変更したあと、国際市場で売りに出したのである。

戦争で捕獲した兵器を再整備のうえ、自軍で使った例はいくつか見られる。

しかし大量に奪った兵器を堂々と販売したのは、これらが初めてと言えるであろう。

さすがに購入した国、売れた数は少なかったようだが、その合理性には呆れると共に感心させられるのであった。

その4　アラブゲリラとモサドの死闘

現在でこそ鎮静化しているが、PLOの過激派組織とイスラエルの情報部モサドの暗闘は歴史に残るほど凄惨なものであった。

パレスチナ解放機構の中にはヒズボラ（神の党）、サイカ、イスラム・ジハード党といったグループがあり、必ずしも一枚岩というわけではない。

しかしミュンヘン・オリンピックを境にして、一九七二〜七四年の両者による〝秘密の戦争〟は、まさに血で血を洗うような戦いとなった。

モサドが攻撃の目標としたのは「黒い九月」と呼ばれる組織である。

オリンピックにさいして九人の選手、二人のコーチを殺害されたイスラエルは、モサドを駆使してこの過激派の抹殺に乗り出す。

その後、中東、ヨーロッパを舞台に闇の戦いが延々と続いた。

もちろん警察や軍隊によるものではなく、情報部員、暗殺者の殺し合いといった形となる。

『黒い九月』の中心メンバーは一一人であったが、モサドはそのうちの八人を殺し、ミュンヘンの復讐を果たした。

しかしこの間ゲリラ側も反撃して、二人のイスラエル人を殺害した。

だがこれで闘いが終わったわけではなく、のちにゲリラ側三人、モサド側一人がなんと六年後にヨーロッパの各地で暗殺されている。

どちらの側も国家、民族の存在を賭した死闘であった。

正規の戦闘では、戦いがいったん終わってしまえば個人々々の生命が脅かされることはない。

他方、秘密の戦争における戦いは日常の生活の中で行なわれ、本人どころか家族さえ時によっては危険にさらされる。

現在の日本には、いわゆる〝情報部、特務機関〟といったような組織が存在しないので、この種の争いは皆無のように思える。

これは自衛隊、防衛庁、警察でも同様であり、相手を抹殺する計画などあり得ない。

それどころか、半世紀以上も続く平和により、「日本人の誰であろうと、生命の危機も予想される情報戦」にはとうてい耐えられないのではあるまいか。

ここ数年、我が国にとって最大の危機であったオウム真理教事件でも、攻撃は一方の側だけから行なわれている。

もっとも必ずしも日本人のすべてが、凄惨な抗争に尻ごみばかりしているわけではない。

一九八五年の関西地方における暴力団同士の争いは、巨大組織が真っ向からぶつかり合う激しいものであった。

その結果、足かけ二年半にわたり死者一八人、負傷者四七人を出している。

見方によっては、この抗争事件こそ、戦後の日本が経験したもっとも激烈な戦争であったのかも知れない。

第18章 アラブ人と戦争

三八のアラブ国家

ごく一部の少数民族を除いて、自分たちの古来の文化をもっともよく現代に伝え残しているのはアラビア人たちではあるまいか。

現在ではアラビア人の解釈を大きく広げてアラブ人としているが、彼らの勢力は確実に増大している。

人口は、最大のエジプトアラブ共和国（六〇六〇万人、一九九八年）を中心に、合わせて約一・五億人に達する。

これは国家、独立政体など三八に分かれ、多くの方言を含んではいるが、文字、言葉は原則として共通である。

さらにイスラム教を信じていることも、その一体感を強めるのに役立っている。

ただし現実としては民族、宗教、言葉が同じであっても、人々、国家間の争いが完全になくなるわけではないが……。

これらのアラブの国々もかつてはたびたび戦争を経験しているものの、第二次世界大戦終了後という条件をつけなければその数は決して多くない。

しかもアラブの国同士の戦争となると、なかなか思い出せないのである。

一九九一年の湾岸戦争のさいには、同じイスラム教国のイラクがまずクウェートを占領した。

国際社会はこれを許さず、国連の旗のもとに多国籍軍を編成、イラクの暴挙に対抗する。

そして二ヵ月の航空戦、一〇〇時間の地上戦の結果、イラク軍に大打撃を与え、クウェートから駆逐する。

このときにはエジプト、サウジアラビアといったアラブの大国が、アメリカ、イギリス、フランスの側に立ち、イラクを攻撃している。

それでもなお、前述のごとく国家同士の本格的な戦争（対外戦争）は、一度として勃発していない。

古来、武勇を尊ぶアラブの人々であるが、本質的には平和主義者なのであろうか。

しかし、このような三八あるアラブの国の中で、激しい戦争を続けた国がふたつある。

○エジプト・アラブ共和国
この国はエジプト共和国、アラブ連合などと名を変え現在に至っているが、ここでは便宜上エジプトと呼ぶことにする。

戦争としては隣国イスラエルと第一〜第四次中東戦争を戦った。

○イラク共和国

人口は二〇六〇万人（一九九七年）で、アラブ諸国のうちでは最先進国。
一九八〇年から丸八年間、イラン（ペルシャ）と戦って引き分けに近いながら勝利を得る。
ただし前述のごとく、湾岸戦争では記録的な大敗をきっする。

湾岸戦争中に多国籍軍に破壊されたイラク軍戦車

完敗続きの戦闘

それではこのふたつのアラブ大国の、軍隊の戦いぶりを見ていくことにする。

歴史的な事実を冷静に追っていくと、アラブの軍隊は、対外戦争において常に敗れている。

もちろんそれによって国が消滅するといった状況にはならないで済んでいるが、大戦闘では勝ったためしがない。

しかも戦いの様相として、近代戦という形になればなるほど大敗しているのである。

これらを実例で調べていくと、次の状況が浮かび上がる。

・史上初の対艦ミサイル戦／エジプト軍

宿敵であったイスラエルとの第四次中東戦争中の一九七三年一〇月八日、エ軍のミサイル艇四隻がポートサイド西方の海上でイ軍の同三隻と交戦。ともに対艦ミサイル（エ軍スティックスＳＳＭ、イ軍ガブリエルＳＳＭ）を射ち合う戦いとなった。

前々日のシリア海軍対イスラエル海軍の海戦と同様、これまで発生したことのない新しい形の戦闘である。

結果はイ海軍の圧勝で、エ軍の三隻が沈没した。対艦ミサイルという高度な兵器の運用に関して、エジプト軍は明らかに劣っていた。

・湾岸戦争における航空戦／イラク軍

この戦争のさい、イラク軍は主として旧ソ連製の戦闘用航空機（ＭｉＧ21、同29など）を多数揃えていた。

シリア軍の完敗（1982年6月）

		戦果	損失
第1日目	シリア発表	4	2
	イスラエル発表	6	0
第2日目	シリア発表	26	16
	イスラエル発表	29	0
第3日目	シリア発表	沈黙	←
	イスラエル発表	18	0

シリア軍の発表の合計　戦果30機
損失18機

イスラエル軍の発表の合計　戦果53機
損失0機

（互いの損失発表のみを正しいとしても、その比率は18対0である）

なかでも戦闘機の数は三〇〇機弱で、日本の航空自衛隊の六割に近い。ところがいったん戦争が始まると、これらのいずれもが全く力を発揮できないままに終わる。

幾多の空中戦においてイラク空軍機は、一機の多国籍軍機をも撃墜できなかった。

一方、損失は三〇機であり、地上で撃破されたものを含めると爆撃機、ヘリコプターを含めて四六〇機に達している。

つまりアメリカを中心とする旧西側の空軍に対して、まさに手も足も出なかったと言うしかない。

これまでエジプト、イラクの例を見てきたが、もうひとつのアラブ大国シリアとその軍隊に関しても状況は同じである。

○シリア・アラブ共和国、人口一四六〇万人（一九九七年）

この国もエジプト、ヨルダンなどと手を携えてたびたびイスラエルと戦っている。

特にレバノンをめぐる主導権争いでは一歩も引かず、全力を投入した。しかし戦闘の勝敗については、常に痛打を浴びている。

○レバノン紛争時の空中戦（一九八二年六〜七月）

紛争地ベッカー盆地の上空で六月中だけでも三回の大空中戦があり、シリアとイスラエル空軍は延べ一〇〇〇機を繰り出して戦った。

シリア側　MiG21、23

イスラエル側　F15、F16

といった具合に、シリア人パイロットとソ連製戦闘機、これにイスラエル人パイロットとアメリカ製航空機が極めて狭い空域で激突したのであった。

結果としては、シリア側は五三機を損失、イスラエル側はなんと皆無であった。

シリアは自軍の損失を一八機と発表したが、これ以後、口を噤《つぐ》んでしまうのである。

右の表からもわかるとおり、シリア空軍が記録的な大敗を被ったことに間違いない。

科学・技術の未消化

さて、これまで掲げたひとつの海戦（エジプト軍）、ふたつの空中戦（イラク、シリア）の結果からどのような実態が浮かんでくるのであろうか。

それはアラブの人々の近代的な兵器を扱うための技術が、明らかに不足しているという事実である。

高速のミサイル艇を駆使し、対艦ミサイルを発射すると共に敵のレーダーへの妨害（いわゆるジャミング）を行なう。

さらに操艦の手腕により、接近してくるミサイルを回避する。

またジェット機同士の空中戦では、たんに戦闘機を操《あやつ》るだけではなく、他の支援システム（たとえばＡＷＡＣＳ＝空中早期警戒管制機）の運用技術も欠かせない。

つまり、近代戦とは、高度の知識と経験を有するエンジニアの闘いなのである。

このような形の戦闘となると、残念ながら——今のところは——アラブの人々はそれを消化できていない。

いわゆる近代戦に関しては、明らかに劣っているのである。

もちろんこれが民族的、人種的な問題でないことは、いくつかの実戦例が示してはいるが……。

この原因を探ってみると、まず国内の工業技術のレベルが低いといったことが挙げられよう。

これまでの歴史を振り返っても、自国内で優れた兵器を作り出せない国（民族）の軍事力は決して高くないのである。

従来のアラブ諸国は、旧ソ連製の兵器を大量に購入して戦力の増強をはかってきた。これ

は、
㈠、価格が欧米のものより大幅に安い
㈡、取り扱いが簡単で、それほど教育程度が高くない兵士でも運用できる
からである。
したがってたしかにそれなりの価値はあるのだが、相手がイスラエル、アメリカ、イギリスなどの一流の軍隊となると状況は確実に不利となる。
端的に言ってしまえば、これらの兵器に頼るアラブの軍隊は彼らの敵ではないということである。

82ミリ無反動砲を構えるシリア軍兵士

これまでの戦場が海上、あるいは広大な砂漠であったこと、さらに中東特有の〝常に晴天〟という気象条件もアラブ側にマイナスに働いている。

ともかく近代的な兵器が正面からぶつかり合うような形の戦闘となれば、今後ともアラブ各国は苦戦を免《まぬか》れないと断言できるのである。

つまり前線で闘う将校や兵士がいかに祖国防衛の闘志に溢れていようと、それが勝利に直結するほど現実は甘くはない。

戦争の様相が正規戦に近ければ近いほど、科学技術の習得の度合いが鍵となるのである。このような見方に立つと、強い軍隊の条件として第一に挙げられるのが教育なのであるまいか。

かつては天文学、数字で世界の先端を走っていたアラビアの人々が、いつの間にか〝科学〟を軽視するようになってしまった。

エジプト・カイロの大ピラミッドなど、見れば見るほど物理学、天文学、力学、そして土木技術の輝かしい成果といえる。

歴史を振り返っても、ピラミッドを凌ぐ建造物は存在しない。ところが現在のアラブ諸国を見るかぎり科学、教育、技術はもちろん民生、社会生活の面でも特筆すべきものを見い出すのは難しいのである。

もちろん、だからといって一挙に技術大国を目指す必要はないが、それでもすでに人間の生活に欠かせないものになりつつある旅客機、自動車、コンピュータの類を自分自身の力で造り出せるだけの能力はなんとしても持つべきであろう。

「造り得るが、造らない」

といった状況と、

「どうしても造り出せない」

との間には、無限の距離がある。

これは現在のアラブのすべての国について当てはまることである。

古くから言われ続けているが、教育程度の向上こそ国家と民族の繁栄の基礎なのである。

成長の季節

アラブの人々が多く住む中東の状勢は、一九九三年のエジプトとイスラエルの和平交渉成立後、大きく変わった。

多くの例外はあるにせよ、平和が訪れ、国家の命運を賭けるような戦争の可能性は小さくなった。

若者が兵士として戦場に駆り出されることもなくなり、まさにアラブは〝成長の季節〟を迎えたのである。

これからの一〇年が、エジプトをはじめとするアラブの正念場であろう。常に民族性を保ちながらも、欧米の技術の後塵を浴び続けるか、それとも宗教色を薄めつつ近代化を推し進めるか。

この点で問題になるのが、イスラム原理運動の行方で、ひとつ間違えば二一世紀における世界の最大の障害は、「イスラム教（国）と西欧、アメリカとの文明、文化的対立、抗争」となるかもしれない。

ところが大幅に脇道にそれるが、私見ながら前述の記述と矛盾する事柄を掲げておきたい。先に科学技術の裏付けがなければ、如何に激しい闘志を燃やそうと、勝利は決して得られないと記した。

その逆の場合が、我国の海上保安庁、同自衛隊ではないかとの危惧を著者は捨て切れない。

この理由は先の日本海におけるいわゆる〝不審船事件〟である。海保の多数の巡視船艇、海自の最新鋭護衛艦（なんとイージス艦である）、P3C対潜哨戒機（一機約一〇〇億円）まで繰り出して、漁船改造の二隻の捕捉に失敗している。

つまり先の事例とはまったく対照的に、「最新鋭の装備を有し、充分な教育を受け、高い技術を持っていても、任務を貫徹しようとする強い意志に欠けていれば目的は達成できない」のである。海保、海自にもいろいろと釈明したいところもあろうが、国民の大部分が抱いた苛立ちと感想は、この点に尽きるのではないだろうか。

第19章　南アメリカ人と戦争

チャコ戦争

まずはじめにお断わりしておかなくてはならないが、南アメリカ人という人種も国民も存在しない。

いわゆる南米大陸には、三大国のＡＢＣ、つまり、

Ａ、アルゼンチン

Ｂ、ブラジル

Ｃ、チリ

を筆頭にパラグアイ、ボリビアなどといった国がある。ところが、幸運なことに今世紀に入ってから、これらの国家間の大戦争は一度も発生していないのである。

読者諸兄の中でも、南米で起こった戦争の名称を挙げられる、あるいはその詳細を知っている、という自信のある方は少ないのではないだろうか。

著者も同様で、

・チャコ戦争　一九三二年四月〜三五年七月
・サッカー戦争　一九六七年七月
以外挙げることができないでいる。

したがって、南アメリカ人たちの闘志や戦いぶりに関してほとんど知らない、というのが本音なのである。

また、ブラジルを除く南アメリカ大陸のほとんどの国が、永く続く悲惨な内戦を経験しているが、これはまさに〝内戦〟であって対外戦争ではない。

これらの事情を踏まえた上で、南アメリカの国々と、そこに住む人々の戦争を追ってみよう。

前述のごとく、今世紀中のもっとも大きな戦争は、間違いなくチャコ戦争である。

この、わが国ではほとんど知られていない戦いは、ボリビアとパラグアイの間で行なわれた。

当時のそれぞれの人口／兵力は、ボ側五九〇／七万人、パ側三一〇／三万人であったから、総力戦となれば明らかに前者に分がある。

しかし戦争は、両国の首都からかなり離れたグラン・チャコ（チャコ大草原）の領有権をめぐって争われたため、互いの本国に攻め込むという形にはならなかった。

両国が戦場に投入した兵力は、平均的に五〇〇〇名、最大時に一万人、そのほとんどは歩兵で、他には少数の戦車（フランス製のルノーFTなど）部隊であった。

緒戦においては、両国とも闘志を燃やして戦い、一進一退の激戦が展開された。

このときには戦力的に勝っていたボリビア軍が少しずつパラグアイ軍を押していき、進出目標としていたパラナ川まで到達している。

これを知ったパラグアイの成年男子は続々と軍に志願し、兵力は一挙に増加した。

そして間もなく反撃に出て、ボ軍にかなりの打撃を与えたといわれている。

この報がボリビア国内に伝えられると、今度は同国民が立ち上がり、自国の軍隊を熱狂的に支持する。このため一九三二年の秋には、戦闘は激化の一途を辿った。

風土病の影響

ただしこれ以後、思わぬ敵が両軍を平等に苦しめ、戦争は予想もしなかった方向に進みはじめるのである。それはこのチャコ平原——といっても広大な密林、湿地帯を含んでいる——に潜んでいた風土病であった。

乾期にはあまり姿をみせないこの地の病原菌は、雨期の訪れと共に猛威を振るう。それも一種類ではなく、確認されただけでも十数種が兵士たちに襲いかかったのである。

もともと、チャコ平原がほとんど手つかずのまま残されていた理由は、この風土病にあった。

したがってボリビア、パラグアイ、そしてアルゼンチンもまた、この地を放置していたのである。

しかし、ひとつの国がその領有を目指せば隣国も座視するわけにはいかない。これが国際政治というものである。

一九三三年以後、ボ、パ両国は互いに争いながら、共通の敵である風土病とも戦わなくてはならなかった。

さらに相手がチャコ平原から撤退しないため、戦争はめり張りのないまま延々と続いた。

結局、アメリカ及び近隣六ヵ国共同の仲介により一九三五年七月、休戦に至る。

パラグアイの領有面積は少し増え、そのかわりボリビアはパラナ川の航行権を手に入れたことで、両国は満足したのであろう。

その一方で、南米大陸で戦われた大戦争は三年三ヵ月も続き、膨大な死傷者を出している。

・ボリビア軍
戦死二・五万人　負傷者五万人
・パラグアイ軍
戦死一・九万人　負傷者二・六万人

しかも死者の約半分が、戦闘によるものではなく、風土病が原因といわれた。

両国の辺境の地は、これほど多くの血を要求したのであった。

このさい、前線における兵士たちの戦いぶりは、どのようなものであったのだろうか。

ともかく戦争の詳細がよくわからないのでなんとも言えないが、手元のわずかな資料によると次の状況が記されている。

ボリビア、パラグアイの兵士ともに緒戦において戦闘意欲は充分に高かった。

とくにパ側は戦局が不利となってもあきらめず、しぶとく戦い続けた。兵力的には常に多かったボ側と対等に闘えたのも、これによるところが大きい。

しかし、風土病が広がると共に両軍とも士気が衰え、戦闘は下火となっていった。ベテランの兵士ほど、この度合いが高かったと伝えられている。

また両国の国民は、最初の頃こそ熱狂的に政府の戦争遂行政策を支持したが、簡単に決着がつかないことが判明すると、急速に興味を失う。

サッカー戦争

このような様相がよりはっきりと表われたのが、サッカー戦争（一九六七年、ホンジュラス対エル・サルバトル）である。

長く国境の線引きをめぐって対立していた両国は、サッカーのワールド・カップ予選を直接の引き金にして戦火を交えた。

このとき、両国の国民の大部分は戦争を支持、ともかく相手に一撃を加えることを切望した。

ところが、自分自身が銃を手にしなければならない可能性を悟ると、戦意は急速にしぼみ、戦争はわずか一〇〇時間で終わってしまった。

両国の発表した人的戦果の合計は六〇〇〇名となるが、アメリカと米州機構の調査によるとわずかにその〇・三パーセントの一六〇人であり、これが真実に近いのではあるまいか。

いずれの戦争においても、いかにもラテン系の人々らしく日本人以上に「熱し易く、冷め易い」という性質が表われているように思える。

フォークランド紛争

さて、最後に紹介するのは、南米の大国アルゼンチンとイギリスの武力衝突となった「フォークランド／マルビナス紛争」である。

南極に近く一年中寒風の吹きすさぶ十数の島々（フォークランド／マルビナス諸島）の領有をめぐって、一九八二年の三月から六月までア軍、イ軍の死闘が繰り広げられた。

つまりこの闘いこそ、南アメリカの大国が史上初めて体験した大戦争、対外戦争ということができる。他の二ヵ国ブラジルとチリは、対外戦争とは無縁なままであるから……。

このまだ我々の記憶に新しいフォークランド／マルビナス紛争は、英領の島々に一・五万人のアルゼンチン軍が突然に上陸、占領したことに端を発する。これに対してイギリスは軽空母二隻を中心とする大艦隊と総数八〇〇〇名からなる陸上戦力を送り込み、奪回をはかった。

この戦いは、

(一)、周辺の海域における、イギリス艦隊とそれを攻撃するア側の空軍、海軍機による海空戦

(二)、島内における両軍の陸軍、海兵隊部隊の陸上戦闘

となった。

海上でイギリスは駆逐艦など七隻を失うものの、なんとか打撃力の要《かなめ》である空母への攻撃を阻止する。

一方、地上戦では兵力的に二分の一のイギリス軍が、航空機（VTOL戦闘／攻撃機ハリア

ー）の支援を受けて最終的な勝利を握った。

それぞれの人的損害は、

・アルゼンチン軍　戦死六四五人、負傷一〇五人

・イギリス軍　戦死二五六人、負傷二四四人

であった。

それではこの限定された海域、地域における戦いを、特にア側に立ってみていくことにしよう。

航空戦においてアルゼンチンのパイロットたちは、イギリス軍も驚くほど勇敢に戦った。

彼らは対空砲、対空ミサイルを恐れず、まさに体当たりせんばかりの低空飛行で英艦を攻撃し、多大の損害を強いたことからも明らかである。

もし基地から戦場までの距離がもう少し短かったら、あるいは空対艦ミサイル〝エグゾセ〟をもう少し数多く保有していたら、イギリス艦隊は壊滅的な損害を受けていたはずである。

輸送船とそれをエスコートする駆逐艦群が大打撃を被れば、当然イギリス軍の上陸は不可能になる。したがってア軍のパイロットたちは、その寸前まで相手側を追い込んだといえる。

その一方で、海軍艦艇とその乗員、および陸軍部隊の戦いぶりは及び腰であった。

唯一の空母ベインティシンコ・デ・マヨは、イギリス潜水艦を恐れて全く出動しなかった。

彼女が少しでも戦場に近づいていれば、海軍パイロットの負担はかなりの程度軽減されたに違いない。

△エグゾセが命中、炎上するイギリス駆逐艦シェフィールド
▽エグゾセを発射した攻撃機シュペル・エタンダール

さらに一・五万人を数えたアルゼンチン陸軍の戦い方も、決して褒められたものではなく、上陸してきた、兵力から言えば二分の一のイギリス軍に押しまくられて、たいした抵抗もせずに降伏してしまった。

アルゼンチン軍がこの島を占領してから、陸上戦闘が開始されるまでには一ヵ月半の時間的余裕があり、迎撃の準備は万全のはずだった。

また弾薬、食糧も充分に蓄えられていた。そして繰り返すが、そのうえ防御側は攻撃側の二倍の戦力だったのである。

それがわずか一ヵ月足らずの戦闘で敗北し、しかもそのさいの戦死者は一五〇名のみである。

つまり総兵力の一パーセントの戦死者が出ただけで、ア軍は抵抗をあきらめ、白旗を掲げた。

この事実を知ると、アルゼンチン軍の陸軍兵士とパイロットたちの間に、大きな〝闘志の差〟が存在したと考えるのは一人著者ばかりではあるまい。

たしかにア軍の陸上部隊としては、

『周辺の海域、空域は完全にイギリスの手に陥ち、本国からの補給も途絶え、また島からの撤退も不可能』

ということで、闘う気力を徐々に失くしていったのであろう。

これは必ずしも理解できないわけではない。

それでもなお、もう少し粘り強く戦えたのではなかったか、という気もするのである。

あるいは、ア軍の陸軍部隊司令官メネンデス将軍の指揮が稚拙であったのかもしれない。

アルゼンチン軍捕虜を調べるイギリス兵

彼はイギリス軍の来攻する直前の記者会見で、

「たとえ、イギリスの大軍がやってこようとも、少なくとも一年間は抵抗できる」

と発言していたのだから……。

ところで陸軍の歩兵とパイロットの戦闘意欲の差だが、これはどこに原因を求めるべきなのか。

やはり軍人としての教育期間の長さか、それともエリート／非エリートの考え方の相違か、いずれにしてもあまり釈然としない。

結論として、南アメリカ大陸在住の人々の戦争に対する行動力について述べると、次のようになる。
・短期決戦的な紛争、あるいは緒戦において、この地域の人々は積極的に戦う。
・ただし、戦争が少しでも長引けば闘志はいつの間にかしぼみ、関心をなくしていく。
・また知識階級と一般庶民では、戦争への見方、意識が大きく異なる。
非常に僭越な結論となってしまったが、これがそれなりに本質を突いているような気がするのである。

第20章　アフリカ人と戦争

コンゴ独立後の混乱

アメリカの州の中には〝Deep South〟と呼ばれる地域がある。南部のアラバマ、ルイジアナなどがこれに当たり、深南部と訳されている。

これらの州は、

・ニューヨークなどの東部

・カリフォルニアなどの西部

と比較すると、明らかに保守的かつ閉鎖的である。

たしかに少なくなってはいるが、黒人に対する人種差別は歴然と残り、KKK（クー・クラックス・クラン）といった過激な団体も存在している。

一方、この深南部をアフリカ大陸に当てはめると、それは中央アフリカと呼ばれる地域となる。

大西洋にもインド洋、地中海にも、そして紅海にも接していないコンゴ、ルワンダ、ブルンジ、ウガンダ、ザンビアといった国々は――いまだに〝暗黒の大陸〟を構成しているといったら、これは確かに言いすぎかも知れない。

しかし現実を見ていくと、ここ十数年、いや長い目でいうなら、第二次大戦後これまで半世紀以上にわたって一種の閉鎖空間として不毛の戦争を繰り返しているのである。

本章では、この中でもっとも大きなコンゴ民主共和国とその軍隊について述べてみたい。

まず国家の概要であるが、

・面積二三四万平方キロ。日本の約七倍
・人口四七〇〇万人（一九九七年）。日本の三分の一

となっている。

次に民族構成と使用言語だが、ここから複雑をきわめ、民族は大きく分けて五つ、小さい場合一七、言語は同四つ、同じく二一となる。

さらに宗教となるとカトリック、プロテスタント、イスラム教に加えて原始宗教が数えきれないほどあって、信者は互いに敵対している。

かつてこの地方はベルギーの植民地であり、この間（一八八五年～一九五九年）は比較的平穏であった。

三万人のベルギー軍が近代兵器を持ち、あらゆる紛争防止に睨みをきかせていたからである。

ところが〝アフリカの年〟といわれた一九六〇年に完全な独立を達成した直後から、コンゴは恐ろしい混乱に巻き込まれる。

豊かな州（カタンガ、シャバなど）は分離独立を目指し、また多数派のバンツー系民族と他種族が衝突、さらに隣国の紛争が飛び火し内戦となった。

国連は一時大量のPKF部隊を派遣して、これを収拾しようとしたが、まったく手に負えず撤退する。

コンゴはその後、ザイール共和国と名を変え平和を目指すが、近年に至るとコンゴ＝ザイール民主勢力連合ADFLが誕生し、これが政府軍、隣りのルワンダ軍と戦闘を交える。

またそのような状況の中で、九七年国名を再びコンゴ民主共和国に戻した。

このような記述を続けていても、なかなか中央アフリカ（人）の軍隊の戦闘力の評価に結びつかないが、もう少しお付き合いいただきたい。

国名こそ元に戻ったものの、コンゴとその周辺諸国の混乱はいっこうにおさまらず、現在に至るも複雑な形の内戦が続いている。

ADFLがいつの間にか政権を握ったのだが、この過程で対立していた種族の多くの人々を虐殺したこともあった。

さらに生き残った人々が、隣国の支援を受けてゲリラ戦を展開し、混乱はますます激しくなっている。

中央アフリカ最大の国コンゴがこのような状況なのだから、周辺諸国も平穏であるはずもなく、この状態は今後も続くだろう。

コンゴ軍隊の実態

さて独立した国家が存在するのかどうか、といったコンゴだが、この国の軍隊はどんな形なのであろうか。

総兵力　五・四万人
・陸軍　二・六万人　戦車、装甲車　二五〇台
・海軍　一三〇〇人　河川哨戒艇　二〇隻
・空軍　一八〇〇人　各種航空機　約七〇機
・海兵隊　六〇〇人　車両　四〇台
・憲兵隊　二・五万人（四〇コ大隊）
・民間防衛隊　一万人　装甲車若干を保有

まず驚かされるのは人口当たりの軍人の数の少ない点である。

人口四七〇〇万人に対して五・四万人であるから、我が国の自衛隊員の比率よりかなり低い。

また兵器の大部分は、
・陸戦兵器については中国製
・航空機についてはフランス、ドイツ製
となっている。

このような数値を見るかぎり、決して軍事大国ではないような気がしてくる。

なにしろ空軍では、第二次大戦以来のノースアメリカンT6練習・軽攻撃機がいまだに現役なのだから……。

しかし——。

この国の軍事力は見かけの数字とは全く異なっており、国連の報告によると、国内にある小火器（ライフル、自動小銃）の数は一二〇万梃！　つまり国民四〇人に一梃の割で行きわたっている。

このほとんどは中国製の五九式（カラシニコフAK47の中国版）である。

一九七〇年頃から中国は遠くアフリカの中央部にまで、兵器を続々と売り込んだ。

コンゴ軍の戦車の大部分も、中国製の五九式（旧ソ連のT54／55の中国版）なのである。

ともかく国民の四〇人に一人が、強力な自動ライフルを持ち歩いているのだから恐ろしい。

これらの兵器が敵対する種族／部族に対して使われると、すぐに数万人の犠牲者が出るのはしごく当然であった。

国民総生産がわずか五七億ドル（日本の九〇〇分の一）、一人当たりの総生産が一三〇ドル（同三〇〇分の一）といった貧しい国に、どうしてこれだけの武器が輸入されたのであろうか。

この問題は決してないがしろにされてはならない。

コンゴをはじめ中央アフリカの国々は、いずれも工業といったものはないに等しく、小火器といえども自力では製造できないのである。

見放した欧米諸国

さて、戦闘力という面から見た場合、中央アフリカの人たちをどのように評価すべきであろうか。

アフリカでは、かつても現在も絶え間なく戦争が続いているが、ひと口で言えばその様相は、『小規模紛争であろうが、国家間戦争であろうが、原則的にはゲリラ戦』と見てよい。

もともと海軍の戦いは全く存在しないし、空軍の活動もきわめて少ない。ともかく本格的なジェット軍用機の運用もできないままであって、ごくたまに一、二機が思い出したかのごとく対地攻撃を実施する程度なのである。

戦車、装甲車さえ市街戦以外には姿を見せず、戦車戦など皆無に近い。中央アフリカ地域の大部分は密林と草原で、戦車を中心とした大部隊が正面からぶつかり合うような戦闘にはならないのであった。

さらに黒人(現地人)同士の戦いに関しては、その情報もほとんど無いに等しく、詳細は不明のままである。

しかし推測すれば、そこには戦略、戦術、いやあらかじめ立案された作戦さえなく、たんに武器を手にした人々が勢いにまかせて、敵に襲いかかることだけといえる。

そして相手が非戦闘員であろうとなかろうと、皆殺しにするのである。

もちろん戦争に関するジュネーブ条約の存在、それどころか停戦、休戦、降伏を意味する〝白旗の意味〟さえ知らずに戦っているのだから、欧米の軍隊とは根本的に違っている。

したがって、戦闘終了後の略奪行為など日常茶飯事であるのはいうまでもない。

ところで中央アフリカの現地人が、ヨーロッパの軍隊と戦った場合、どのような結果になるのであろうか。

このような実例は現代に限れば、

・コンゴの動乱　一九六一～六五年

・ローデシア紛争　一九六二～七五年（南アフリカ連邦内の紛争）

の二例しかない。

前者ではスウェーデンを中心とするPKF対現地軍、後者では南アフリカ軍（白人部隊）対現地軍の戦いとなった。

しかしいずれの場合も、前述のごとくゲリラ戦の域を出ずに、長々と続いた。

戦闘のたびに白人の軍隊は、それなりの戦果を挙げ勝利をおさめる。

しかし当然ながら人的損害が皆無というわけにはいかず、死傷者も出てしまう。

現地人（軍）側から見れば、これでも充分なのである。

もともとの人口比（黒人／白人）が一〇〇〇対一程度なのだから、人的損害もそれに見合えばよい。

先年コンゴにおいて一六名のベルギー兵が殺害された折には、ヨーロッパ全体が震撼した。

しかし同国とその周辺の紛争で一〇〇〇倍一・六万人の現地人が死ぬような事態になっても、それは決して大きな問題とはならない。

この大陸におけるアフリカ人の生命《いのち》の値段は、時と場合によっては彼らの飼っている家畜よりも安いのである。

実際、スウェーデン軍、南アフリカ軍もたびたび現地人の軍隊と戦っているが、その損害率は大雑把にいって一対一〇〇に近い。

それでも相手は負けたとは思っていないのだから、結局のところ簾《のれん》に腕押しというほかない。

こうなると近代社会の〝勝利の定義〟さえ通用しないということになってしまう。

・積極的に攻勢に出れば、反撃もせず四散
・しかし放っておくと、機をうかがって攻撃してくる
・しかも陣地の占領など初めから念頭におかず、たんに人的損耗のみを狙ってくる

というような相手に対して、いかに新兵器を豊富に揃えたところであまり意味がない。

さらに多大の損害を与えたところで、それが敵の軍隊組織の壊滅とは全くつながらないのである。

もともと整然と構成された正規の軍隊ではないのだから……。

PKF軍、南ア軍ともに、実に戦いづらい相手と闘ったことになる。

このような実態を踏まえて、国連ならびにアメリカ、そしてヨーロッパの人々は、いかに平和維持が目的であろうともアフリカに自国の軍隊を送り込むことに疑問を感じはじめた。

ヨーロッパの紛争、たとえばボスニア・ヘルツェゴビナ、コソボなどにはすぐに反応し、時には爆撃を行ない、時には地上軍を派遣する欧米諸国も、アフリカには全く手を出さなくなってしまったのである。

一九九九年の六月、再びコンゴ周辺の戦闘が激しくなり、多くの死傷者、難民が出ても、

紛争調停に動こうとする国はひとつとしてない。

国連の席でこれを言い出せば、欧米諸国は冷やかな目で見つめ、

「出来るものなら、自分でやってみたら」

PKF参加のためコンゴに到着したエチオピア空軍部隊

というだけである。いや調停を申し出る国さえ皆無になってしまった。

なぜなら現地の軍隊は、国連の監視団にも時として牙を剝《む》いてくる。

こうなれば世界各国とも古い諺である、

「触《さわ》らぬ神に祟《たた》りなし」

の立場を取らざるを得なくなる。

現実論からみるかぎり、間違いなくこれが最良の選択ということになろう。

しかし、かといって何もしないのも問題であって、ただただ手を拱《こまね》いているわけにはいかない。

アフリカとそれほど密接な関係を持っていない我が国でも出来ることはある。

それはあらゆる場を利用して、アフリカ諸国に対する武器、兵器の輸出、供与を止めさせる努力をすることである。

現在この武器輸出の先頭にたっている中国、そして北朝鮮にアフリカの現状を提示し、送り込まれた兵器が全く意味のない殺し合いに使われていることを理解させる。

幸いに日本は全くこれに関与していないのだから、この主張を声を大にして述べるべきなのである。

真に世界の平和を願うなら、例え中国、北朝鮮の機嫌をそこねようとも黙っている方がおかしい。

この点においては、日本という国家の良心が問われているのである。

アフリカ人の戦争をめぐるエピソード

その1　アフリカの紛争の複雑さ

現在の中央アフリカが一八世紀に言われたごとく〝暗黒大陸〟であるとはとうてい思えないが、その反面似たような部分もあるにはある。

そのいずれもが、自国が海岸線を持たない内陸国であって、このことがそれぞれの国家を国際的に孤立させている。

しかもアフリカの戦争の大部分は、このような内陸国、また地下の鉱物資源に恵まれた国で行なわれているのであった。

先にはコンゴ共和国の例を掲げたが、ここでは今でも激しい内戦が続く

シエラレオネの内戦

の場合を見ていくことにしよう。

この国は例外的に大西洋に面しており、人口は四三〇万人（一九九六年）である。

まさに我が国の首都圏の四分の一ほどの人口であるが、この国をめぐる内戦はすでに一〇年にわたって続き、解決のメドは全くついていない。

なぜならシエラレオネの内戦の状況はあまりに複雑で、国際連合も困惑するばかりなのである。

限られたスペースながら、その実態を示すと次のようになる。

○戦っている当事者（組織）

シエラレオネ政府と白人傭《やと》い兵

リベリア国民愛国戦線

統一革命戦線

西アフリカ諸国経済共同体の派遣軍

○戦っている当事者（民族・種族）

メンデ族（三〇パーセント）

テムネ族（三〇パーセント）

その他の種族（四〇パーセント）

○戦っている当事者（宗教）

原始／精霊宗教徒（四五パーセント）

イスラム教徒（三〇パーセント）

キリスト教徒（二五パーセント）

このように組織としては四つ、種族としては三つ、宗教としてはこれまた三つが入り乱れて戦っているので、停戦について話し合おうにも、どの組織の誰と交渉すればよいのか判らないのである。

さらに隣国リベリアの内戦がこれに影響し、難民あるいはリベリア軍がこの国に入ってきていることもある。

これに加えて、シエラレオネには世界中の人々が欲しがっている地下資源が豊富に存在し、それらはダイヤモンドとボーキサイト（アルミニウムの原料）なのであった。

本来なら戦争の止め役であるはずの西アフリカ諸国経済共同体ＥＣＯＷＡＳ（軍）もまた、ダイヤの取り引きに参画したいと考えているので、機会あればと狙っている。

この国の不幸は、なんといっても二つの地下資源、特に大量に産出するダイヤであって、これが掘り出されるかぎり、紛争が絶える見通しは皆無に等しい。

過去一〇年の内戦による犠牲者は死亡者五・二万人、負傷者一七万人といわれている。前述のごとく総人口が四三〇万人であることから考えると、国民の五パーセント強が死傷しているのである。

この国の心ある人々は、さぞダイヤモンドの存在を呪っていることであろう。

それはまた、人間に欲望があるかぎり、戦争はなくならないという事実であって、さらには人類の生物としての資質の限界とも言い得る。

我々も、世界にはこのような厳しい現実があることを常に頭に置いておく必要があろう。

平和教育の一環として、目の前にダイヤモンドの原石と武器が置かれていたら、すぐさまそれを手にとるか、あるいは貧しくとも平和な生活を選ぶかを考えさせなくてはならないような気がしている。

その2　武器がそのまま生活の糧となる国々

アフリカ大陸のいくつかの国では、古来数百年にわたって延々と抗争が続いてきている。最近でも規模こそ大きくないが、いくつかの闘いが次々と勃発し、国際連合でさえそれを止めようとする意欲をなくしつつある。

それらはたしかに戦争よりも、抗争あるいは紛争と呼ぶのが正しい。

大体において国家というものの存在が、それほど確立されていないからである。

一五世紀から続いたヨーロッパの国々の植民地獲得競争が、民族、宗教などを無視して勝手に国境を生み出してしまった。

たしかに内陸国の紛争の原因をさぐると、旧宗主国の責任の大きさが浮上してくる。

しかし一九六〇年のいわゆる〝アフリカの年〟(この年一挙に二〇ヵ国以上が独立した)以後の状況は、その地に住む人々の責任とも言い得るのである。

これらの紛争／戦争を見ていくと、西欧、アジアの国々のそれとは大きく違うことに気付く。

その最大の相違は、軍隊の形、軍人というものの存在にある。

ともかく正規の軍隊など無いのと同じで、警察もまた同様である。

国民三〇～四〇人に一梃の割合で武器が氾濫してしまうと、社会秩序は崩壊し、国としての形を維持できない。

それどころか、通貨さえその価値を完全に失ってしまうのではあるまいか。食糧にしろ生活用品にしろ、それを欲しいと思う者は相手に小銃を突きつけさえすれば簡単に手に入るのだから……。

このような事態はアフリカだけではなく、どの戦争でも起こり得る。

しかしながらそれが一〇年以上にわたって続くとなると、とうてい尋常とは言い難い。

もちろん軍隊が微発するのではなく、いわゆる武装強盗であって、住民としてはとても抵抗できるものではなかろう。

さらに警察も太刀打ちできないから、持っているものすべてを渡すことになる。

まさに日本で言えば戦国時代の群盗跋扈《ばっこ》の状態なのである。

一方、ある人々にとって、武器さえ手放さなければなんでも手に入る状況は理想的といえる。

きつい労働に従事することなく、連日仲間と飲み喰いし、勝手気ままに生きていけるのである。

武器こそ食糧確保の手段であり、自分自身のための法律であり、必要なものはなんでも手に入れることができる魔法の杖でもある。

どうしても入手不可能なものは、平穏な未来と幸福な家庭くらいであろう。

しかも例え武器を捨てたところで、必ずしもそれらがかなえられるとは限らない。

そうなると現在の状況こそ、ある意味で理想的な生活なのであった。いったんこの状況が生まれると、平和、健全な国家体制に戻すのは容易ではなく、たんに時がたつのを待つしかない。

現在のアフリカは、これほど混沌としているのである。内戦、内乱、虐殺を阻止しようとする動きも、氾濫する武器を目の当たりにしたとき、どうしても及び腰になってしまう。

現に旧宗主国として部隊を送ったフランス、ベルギーも戦っている両方の側から攻撃を受け、共に数十名の死傷者を出している。

国連はたびたびＰＫＯ／ＰＫＦ活動に乗り出そうとしているが、犠牲を覚悟で人員を派遣しようとする国は今のところ皆無なのである。

このような現実を見るとき、我々および我が国に出来ることは、発展途上国に対するいくつかの国からの武器輸出を止めるしかない。

現在アフリカに対する武器輸出を行なっている国とその額は概算として、

㈠、アメリカ　　四七億ドル
㈡、イギリス　　二七億ドル
㈢、フランス　　一二億ドル
㈣、ロシア　　　一一億ドル
㈤、中国　　　　三億ドル

の主要五ヵ国に加えて

㈥、オランダ　〇・一億ドル
㈦、イタリア　〇・七億ドル
㈧、韓国　〇・六億ドル
㈨、北朝鮮　〇・五億ドル
㈩、台湾　〇・三億ドル

となっている。（一九九六年の国連によるデータ）

注・資料によっては、㈦ベルギー、㈨チェコ、㈩イスラエルとなる。

あとがき

書名のごとく少々刺激的なテーマを取り上げ、長々と記述してきたが、お読みになった方々の率直な感想をお聞きしたいものである。

と同時に、本文中に記さなかったいくつかの戦争に関する問題について、著者の思うところを明らかにしておきたい。

まず最初は『戦争は絶対悪か』という、人類に突き付けられた永遠の課題である。

生身の人間があるいは死に、あるいは傷つき、貴重な財産が灰燼《かいじん》に帰す戦争という魔物。戦後の教育では、この存在こそ絶対悪として教えられてきた。

もちろんこれはこれで正しいのだが、その一方でたとえば「ソ連の全面的な侵略によって開始されたソ芬（芬はフィンランドを表わす）戦争」の場合はどうなるのだろうか。

この時のソ連は、独裁者スターリンによる自国民に対する史上最悪の粛清の真っ只中にあり、この意図的に行なわれた悲劇から国民の目をそらすために、彼とその軍隊は強引に隣国に攻め入ったのである。

そのさいの理由としては、大都市レニングラード（現・サンクトペテルブルグ）がその地理上の位置からいってフィンランド軍の砲撃にさらされる危険がある、というなんとも理解に苦しむものであった。

この可能性をなくすため、人口一億八〇〇〇万人の大国が、同三七〇万人の小国に国境線を五〇キロ下げることを要求し、これを相手が拒否すると有無《うむ》を言わさず侵攻した。付け加えれば、当時のフィンランドの全人口はレニングラード市のそれとほぼ同じなのである。

これほど理不尽な戦争であったから、フィンランド国内の社会、共産主義者でさえ同国の国民と共にソ連軍に対して銃を手に立ち上がった。しかも国際連盟（国際連合の前身）は、このときなにもできなかったという事実が残っている。

このソ芬戦争の場合でも、国を守って戦うことが〝悪〟と断定できるのであろうか。著者がこの戦争（冬戦争：一九三九年一一月〜四〇年三月）のときのフィンランド市民であれば、ソ連の横暴と戦うためにやはり前線に向かったであろう。

哲学の分野に踏み込むつもりは毛頭ないが、戦争が悪であるのは正しいとしても、絶対悪とは言えないのではあるまいか。

残念ながら現在の我が国においてはこのような、本音あるいは本音に近い議論が皆無のままなのである。

したがって戦後、中国、韓国、北朝鮮などの近隣諸国に対して、きりのない謝罪が続き

──あまり使いたくない言葉だが──〝土下座外交〟に近い状況が繰り返されている。

これこそ「戦争は絶対悪と決めつけることからくる呪縛」と考えてよい。

このように思い込んでいるのは、二〇〇近くもある世界の国々の中で、どうも日本だけのことらしい。

この点について、ごく最近の事例を見ていこう。

二〇世紀も終わりに近い二〇〇〇年一一月、アメリカのクリントン大統領がベトナムを訪れた。

これは経済的に行きづまっているベトナム社会主義共和国が、繁栄を誇る超大国からの投資を期待して招いたことによって実現している。

ベトナム戦争（一九六一年〜七五年）の状況を覚えている日本の一部のマスコミは、クリントン大統領が当時の戦争へのアメリカの介入の誤りを認め、謝罪するという予想を何度となく報じていた。

しかし──。

ベトナム滞在中の大統領はひと言も謝罪など口にすることなく、またベトナム側もそれをいっさい要求していない。

また、たとえ外交ルートを通じてベトナム側がそのことに対し事前に言及したとしても、アメリカは一瞥も与えなかったはずである。

当時の北ベトナムは、自己の信条に忠実にしたがって南の武力解放に着手し、アメリカもまた共産主義の東南アジアにおける勢力拡大を阻止するために全力を挙げて介入しただけ、というのが両国の主張であって、「謝る、謝らない」あるいは「悪い、悪くない」との議論など、はじめから論外なのであった。

これが真の外交というものであり、謝罪うんぬんなどとは全く関係がない。アメリカとしては謝罪を要求されるのなら、大統領の訪越（越はベトナムの意）はもちろん、経済交流も中止すると考えていたのである。

繰り返すが、世界の中で日本だけがいつまでも隣国から謝罪を要求され続け、また謝ったあとでも次には〝謝り方が充分でない〟といわれる。

しかしながら、太平洋戦争の終結からすでに五五年を経て、当時の責任を問われるべき人々はすべて物故しているのである。

さらに我が国を非難している国々も、他国を侵略し、他の民族を弾圧してきた歴史――それも日本よりずっと最近の――を持っている。

中　国　チベットの属国化
　　　　ベトナムへの侵攻（懲罰戦争）
　　　　一〇〇万人の人々を虐殺したポル・ポト派への全面的な支援
韓　国　アメリカに協力し、八年近くにわたりベトナム戦争へ介入
北朝鮮　朝鮮戦争のさいの韓国への全面侵攻、そして幾多のテロ事件（なかには日本に罪をなすりつけようとした大韓航空機爆破事件も）

これらの事実を、ここに掲げた国の人々はどのように感じているのだろうか。

ここでおことわりしておくが、著者は、かつて日本が行なった朝鮮半島・台湾の植民地化、中国への侵略を正当化しようとしているのではない。

日本の過去の行為を声高に非難している国々も、同じような誤りを繰り返している事実を指摘したいのである。

互いにこのような状況をまず認めあった上で、本当に友好的な関係を持つべきという意見は間違っているだろうか。

本書執筆の目的の大部分はこの点にあり、そのためにもう一度本文中の記述を振り返る。

ダンピール海峡の戦いにさいして、海上を漂う無力な日本人兵士を明確な意図のもとに次々と射殺したのもアメリカ人であり、戦後飢えに苦しむ日本の人々のために大量の食糧を無償で提供してくれたのも同じアメリカ人。

日本の侵略によって大きな被害を受けたのも中国人であり、民族、言語も全く異なったチベット人たちを迫害し、強引に自国へ組み入れたのも……。

二一世紀はそれぞれの個人が既成の概念を捨てさり、自分自身の判断で〝事の善し悪し〟を決める時代にしたい。

その意味からも本書が、その判断の一助になればと願っている。

幾多の民族のほとんどすべてが、記載のごとく多くの戦争を体験し、しかもそのすべてが正義の戦いと信じ込んでいたことが文中から汲み取れるはずである。

しかし、それが、その大部分が現在の時点から振り返れば不要な、または間違った戦争であったのも事実なのである。
結局のところ、あらゆる人も、民族も、国民も、間違いを繰り返しながら歴史を刻んできており、また今後も刻み続けるのであろうか。

二〇世紀の最後の月に　著者

単行本　平成一三年一月　光人社刊

文庫版のあとがき

二〇〇六年を迎えて、世界は多少落ち着いているかのように思える。

しかし実際にはイラク、チェチェン、ネパールなどでは規模こそ小さいながら戦闘が続き、犠牲者も少なくない。

さらにイランの核開発を巡り、欧米諸国との軋轢が急激に高まりつつあり、これがある種の限界を越せば、大規模武力衝突に至る可能性も決して捨てきれない。

かつてイスラエルがイラクに対して実行したように、限定された爆撃も想定される。

そう、世界の国々の主張する正義は、それほど多種多様なのである。

さて本書の題名はかなり刺激的だが、内容は人類、あるいはそれぞれの国民がもつ、戦争の軌跡ををまとめたものである。

どのような過去の戦いも、現在という視点から振り返れば、それなりの理由が存在する。

したがってすべての戦争が悪と決めつけること自体、あまりに単純すぎて将来の戦争の抑止には繋がらない。

それが我が国では誤解されているようで、反戦を唱え、鳩を空に放ち、折り鶴を作ってさえいれば、戦争に巻き込まれないでいられるような幻想となってしまっている。

小学校低学年の生徒相手ならそれでも良いかも知れないが、世界の現実はより過酷なものなのである。

その事実から全く目を逸らした〝平和教育〟などなんの役にも立たないばかりか、かえって危険でさえある。

本書を上梓した理由の大部分は、この点にあることを強調しておこう。

一例を挙げれば、北朝鮮による我が国の国民の拉致事件である。

平和を口実に事なかれ主義ばかりが優先され、自国の防衛、自国民の保護が軽視された結果、数十人の人々とそれに数倍する関係者に永い苦悩の時を与えてしまっている。

しかも当時の政府閣僚はもちろん、警察、公安調査庁、海上保安庁の首脳の誰もが責任を果たさなかったにもかかわらず、きちんとした謝罪も行なっていない。

これが我が国の平和と安全の実態なのである。

繰り返すが、本書から少しでもそれぞれの国民が否応なく体験、経験してきた戦争の状況を把握していただければ、執筆の意図は理解されたことになる。

ご愛読をお願いする次第である。

二〇〇六年二月

三野正洋

NF文庫

どの民族が戦争に強いのか？　新装版

二〇一九年十二月二十一日　第一刷発行

著　者　三野正洋

発行者　皆川豪志

発行所　株式会社　潮書房光人新社

〒100-8077　東京都千代田区大手町一-七-二

電話／〇三-六二八一-九八九一(代)

印刷・製本　凸版印刷株式会社

定価はカバーに表示してあります

乱丁・落丁のものはお取りかえ致します。本文は中性紙を使用

ISBN978-4-7698-3148-8　C0195

http://www.kojinsha.co.jp

NF文庫

刊行のことば

第二次世界大戦の戦火が熄《や》んで五〇年――その間、小社は夥しい数の戦争の記録を渉猟し、発掘し、常に公正なる立場を貫いて書誌とし、大方の絶讃を博して今日に及ぶが、その源は、散華された世代への熱き思い入れであり、同時に、その記録を誌して平和の礎とし、後世に伝えんとするにある。

小社の出版物は、戦記、伝記、文学、エッセイ、写真集、その他、すでに一、〇〇〇点を越え、加えて戦後五〇年になんなんとするを契機として、「光人社NF（ノンフィクション）文庫」を創刊して、読者諸賢の熱烈要望におこたえする次第である。人生のバイブルとして、心弱きときの活性の糧《かて》として、散華の世代からの感動の肉声に、あなたもぜひ、耳を傾けて下さい。

＊潮書房光人新社が贈る勇気と感動を伝える人生のバイブル＊

NF文庫

気象は戦争にどのような影響を与えたか

熊谷　直

雨、霧、風などの気象現象を予測、巧みに利用した者が戦いに勝つ——気象が戦闘を制する情勢判断の重要性を指摘、分析する。

わかりやすいベトナム戦争

三野正洋

アメリカを揺るがせた15年戦争の全貌

インドシナの地で繰り広げられた、東西冷戦時代最大規模の戦い——二度の現地取材と豊富な資料で検証するベトナム戦史研究。

幻のジェット軍用機

大内建二

新しいエンジンに賭けた試作機の航跡

誕生間もないジェットエンジンの欠陥を克服し、新しい航空機に挑んだ各国の努力と苦悩の機体六〇を紹介する。図版写真多数。

戦前日本の「戦争論」

北村賢志

「来るべき戦争」はどう論じられていたか

太平洋戦争前夜の一九三〇年代前半、多数刊行された近未来のシナリオ。軍人・軍事評論家は何を主張、国民は何を求めたのか。

三号輸送艦帰投せず

松永市郎

苛酷な任務についた知られざる優秀艦

制空権なき最前線の友軍に兵員弾薬食料などを緊急搬送する輸送艦。米軍侵攻後のフィリピン戦の実態と戦後までの活躍を紹介。

写真　太平洋戦争　全10巻　〈全巻完結〉

「丸」編集部編

日米の戦闘を綴る激動の写真昭和史——雑誌「丸」が四十数年にわたって収集した極秘フィルムで構築した太平洋戦争の全記録。